KB103118

엄마도 퇴근 좀 하겠습니다

엄마도
퇴근 좀
하겠습니다

정경미 지음

다연
DAYEONBOOK

추천사

어린 시절, 나는 부부 교사로 일하시던 부모님이 늘 원망스러웠다. 당신들이 몸담고 계신 학교의 전교 1등과 비교하면서 수시로 나를 주눅 들게 했으니까. 자식에 대한 욕심이 지나친 부모님을 보며 결심했다.

'부모는 불안과 공포로 아이를 겁주는 협박범이 아니다. 삶의 즐거움을 일깨워주는 사람이다. 그런 부모가 될 것이다.'

세월이 흘러, 나 자신도 아이들을 키우며 부모님을 조금 이해하게 되었다. 세상에서 가장 힘든 게 부모 노릇이다. 나도 아직 사는 게 힘든데, 벌써 육아라니, 벌써 어른이라니. 육아가 뭔지 겨우 알 즈음이면 아이는 이미 내 손에서 벗어난 후다.

'나는 다시 시작할 수 있지만, 아이의 시간은 다시 오지 않는다.'

우리에게 정경미 작가라는 좋은 선생님이 필요한 이유다. 세상의 모든 부모를 응원하는 마음으로 이 책을 권한다. 이 책이 부모 노릇을 더 슬기롭게 해내는 법을 밝혀줄 것이다.

김민식 _MBC 드라마 PD, 《영어책 한 권 외워봤니?》 작가

육아에도 퇴근이 필요하다는 그녀의 말에 전적으로 동의한다. 엄마에게도 엄마가 아닌 오롯이 '나'로 살아가는 시간이 필요하니까. 마음과 몸이 모두 퇴근해야 진짜 퇴근이다. 그녀는 엄마의 전통적 독박 육아에서 탈피하는 심리적 퇴근 방법과 아이와의 대화로 실현 가능한 물리적 퇴근 방법을 알려준다. 이를 통해 육아로 말미암아 '나'라는 존재를 잃어버린 채 날마다 녹초가 되어 화만 내는 엄마들에게 한 줄기 빛을 선사한다. 그녀는 말한다. 올인하는 육아를 내려놓고 '나'로 살아가라고, 그럴 때 아이에게 '너'로 살아갈 기회와 시간을 줄 수 있다고, 그것이 엄마와 아이 모두를 행복하게 만드는 길이라고.

착한재벌샘정(이영미) _《말랑말랑학교》 작가, 과학 교사

누구나 그렇겠지만 태어나서 처음으로 엄마가 되다 보니 육아의 여러 단계에서 '내가 잘하고 있나?' 싶을 때가 있다. 아이에게 모든 걸 해줘야 할 것 같은 '엄마'라는 이름의 숭고한 역할과 내 삶에도 최선을 다하고 싶은 마음 사이사이 선택이 필요할 때도 있다. 지금까지의 육아책이 '아이'만을 위해 '엄마'에게 많은 것을 요구했다면, 이 책은 그러한 육아법에 과감히 반기를 든다. 희생하지 않으면서 엄마와 아이가 함께 성장하는 지혜를 담은 이 책이 불가능할 것 같은 우아한 육아를 가능케 할 것이다.

김수영 _《마음 스파》 작가, 꿈꾸는지구 대표

중학교 국어 교사로 재직하며 교육 현장에서 아이들과 날것으로 소통한 12년의 노하우를 그대로 현실 육아에 녹인 작가는 아이와 온전히 통하는 말 사용법으로 이 시대 엄마들이 가진 불안을 잠재워준다. 아이의 눈빛을 읽고, 마음으로 대화하는 그녀의 이야기에는 남다른 힘이 있다. 그 중심에 사랑이 있다. 어린아이를 키우는 부모는 물론이거니와 이제는 어느 정도 자란 중고생을 둔 부모도 일독을 권한다.

이금재 _㈜베이비타임즈 미디어총괄사장

엄마 그리고 나,
그 어디쯤에 있는 나를 위해

그저, 나처럼
어느 날 갑자기 엄마가 되어
힘들어하는 보통의 엄마가 이야기하는
육아책이 한 권쯤 있었으면 좋겠다고 생각했다.

여자는 준비 없이 엄마가 되었다.
아이가 한없이 예뻤지만 버거웠고,
사랑스러웠지만 때론 도망치고 싶었다.

육아에 지쳐 문득 거울을 봤을 때
무릎 나온 레깅스에, 축 늘어진 수유티를 입고

풀어헤친 머리를 질끈 묶은 낯선 여인이 그곳에 서 있었다.

아이가 태어난 그 순간부터
육아와 '나' 사이에서 흔들렸다.
그럴 때마다 글을 썼고, 마음을 털어냈다.
쓰다 보니 아이의 말이 들렸고, 마음이 읽혔다.
함께한 모든 시간이 축복이었다고 말할 수는 없지만,
어제보다 조금 덜 화가 났고 조금 더 사랑을 표현하는 엄마가 되었다.

글쓰기…….
그때의 선택이 결국 지금의 나를 만들었다.
글을 쓰며 고민하던 시간은
엄마와 '나' 중간 어딘가에서 방황하던 내게
새로운 길을 열어주었고,
나를 사랑하게 만들어주었고,
무엇보다 나 자신을 믿게 했다.

지금도 때론 아프다.
아플 때 나는 내가 쓴 글을 읽는다.
그렇게 나는 나의 첫 번째 열혈 독자가 되었다.

용기를 냈다.
이제 막 육아의 길고 긴 터널을 벗어난 사람으로서
지친 엄마들에게 말해주고 싶었다.
한 발 떨어져
아이 몫의 삶을 살도록 도울 때 진짜 행복이 찾아온다고!

오늘 저녁, 나는 쌀을 씻는다.
아이는 계란 프라이를 하고
남편은 국을 끓인다.

이제, 엄마는 혼자가 아니다.

지금은 아이도 남편도 각자의 역할을 해내며 균형을 맞춰가고 있
지만, 아이가 태어난 직후 회사일로 바쁜 남편의 부재와 무관심 속
에서 참 많이 힘들었습니다.

엄마가 진짜 육아 퇴근을 하려면 아이뿐만 아니라 남편의 역할도
매우 중요합니다. 인정합니다. 그럼에도 남편의 참여 부분에 지면을
많이 할애하지 않은 이유는 엄마 스스로가 통제할 수 없는 상황과

이유들로 아파하지 않기를 바라는 마음이 있었기 때문입니다. 육아의 소용돌이 속에서 남편은 늘 집 밖에 있었습니다. 이른바 독박 육아. 그러니 적어도 남편을 핑계 삼지 말기를, 집마다 아이마다 상황이 다르기에 글만 보고 적어도 하루아침에 변하지 않는다고 절망하지 않기를…….

나를 가로막는 이유들은 잠시 내려놓고, 나와 아이를 행복하게 할 말들로 하루를 채워보세요. 아이의 말과 행동을 이해하는 순간 아이는 부모에게 협조할 것이고 순간순간 행복이 찾아올 거예요. 이 책을 보며 아이의 독립을 준비하는 세상의 모든 엄마를 응원합니다. 믿으세요, 제가 경험한 이 작은 기적을.

아이가 '첫걸음마'를 떼던 순간의 기억이 뇌리에 박혀 아직도 지워지지 않습니다. 이제 곧 세상에 제 이름 석 자가 박힌 '책'이 나온다는 사실이 믿기지 않아요. 서점에서 만날 책은 어떤 모습일지 생각만 해도 떨립니다. 출간 직전의 설렘과 두려움이 교차하는 이 시점에서 제 책을 저보다 더 사랑으로 봐준 분들께 고마운 마음을 전합니다. 그녀들 덕분에 책의 제목과 표지, 목차를 다른 시선으로 볼 수 있었습니다. 번뜩이는 아이디어의 원천이 오랜 독서에 있음을 알고 있습니다. 제목에 큰 역할을 해준 책 성장 발전소 대표 길화경 님, 북디자인을 독학으로 배우면서까지 열정을 보여준 효랑 디자인 대표 강효실 님, 자연 속에서 숲학교를 운영하며 배운 자유로운 생각과 깊은 배려가 돋보인 민토리숲학교 대표 김혜미 님 정말 고맙습니다.

끝까지 나의 가능성을 믿고 기다려준 남편 조원재, 당신을 사랑합니다. 엄마를 육아에서 퇴근시켜준 이 책의 진짜 주인공 사랑스러운 아들 은찬이에게 이 책을 바칩니다.

2019년, 여름의 길목에서
정경미

Chapter 1

차별화된 육아,
엄마도 퇴근 좀 하겠습니다

일상이 답이다

: 주도권을 아이에게 넘기다

누군가가 내 손을 지그시 눌러 잡았다. 깜짝 놀라 뒤를 돌아보니 수녀님이었다. 말없이 그저 내 손을 잡고 계셨다. 수녀님의 눈빛에 그 상태로 몸이 얼어버렸다. 영문을 몰라 눈만 깜박거렸다. 몇 초? 몇 분의 시간이 흘렀을까?

"그냥 지켜봐주세요."

손을 잡고 세 발짝 뒤로 가서 나지막이 속삭였다. 수녀님의 말을 듣고 나자 여기저기 흩뿌려진 또 다른 내가 보이기 시작했다. 나의 분신들이 몇 분 전의 나처럼 똑같이 종종거리며 아이 옆을 지키고 있었다. 아이 의자도 빼주고, 끝나기가 무섭게 의자를 다시 넣었다. 배열하는 순서가 행여 틀리기라도 하면 엄마 엉덩이가 들썩였다. 성

19

질 급한 엄마는 말보다 손이 먼저 움직였고, 아이는 기회를 잃었다. 틀릴 것 같은 순간 "그거 아니고 저거! 아니! 이렇게!"라고 말하다 알아듣지 못하는 아이를 앞에 두고 목소리가 높아졌다. 아이의 손끝에 망설임이 느껴졌다. 실수를 반복하다 결국 해낼 수 있는 시간을 줘야 하는데, 한 번에 성공하길 바라는 부모의 욕심이 아이를 주저하게 만들었다. 주전자에 담긴 물을 컵에 따르다 흘리면 쏜살같이 나타난 엄마가 물을 닦아버린다. 괜찮다는 선생님의 말씀에 아이 엄마는 닦으면서 최대한 공손하게 죄송하다고 말한다. "아이가 스스로 닦게 해주세요"라는 선생님의 말씀은 허공으로 사라져버린다.

"아! 이거였어."

나도 모르게 흘러나온 말. 한 발짝 뒤로 물러서서 보니, 그 안에 내 모습이 보였다. 날것 그대로의 모습이었다. 숨고 싶었다. 나도 어쩔

수 없는 대한민국 엄마였음을 인정했다.

아이 유치원 입학 전 오리엔테이션이 있는 날이었다. 부모라면 이 일련의 과정이 내 아이를 진단하고자 하는 '평가'라는 걸 바로 눈치 챌 수 있었다. 물 따르기, 크기별 탑 쌓기, 손수건 물 짜기 등을 앞에 있는 선생님이 시범을 보이고, 아이가 해보는 활동이었다. 입학 전 발달 상황을 체크하여 분반을 하려는 의도가 다분했다. 선생님이 몰래 작성하는 체크리스트에 우리 아이가 '매우 좋음'으로 기록되길 바라는 마음에 조급증이 발동했다.

2016년 2월, 엄마로서 또 한 번 성장했다. 그날 이후 나는 아이가 스스로 가진 힘을 믿고 기다려주기로 했다(사실 정말 힘든 일이다. 기다리다 저 깊은 곳에서 끓어오르는 화를 참고 인내해야 하니 여간 힘든 게 아니다). 아이가 무언가를 시작할 땐 의식적으로 보지 않으려 했다. 보고 있으면 나도 모르게 "은찬아, 다 했어? 빨리 좀 해. 어휴. 언제 다 할래?"라고 잔소리가 폭포수처럼 쏟아질 게 뻔하다. 분명한 건 아이가 할 일을 느리다는 이유로 엄마가 뺏으면 안 된다는 사실이다. 지금 이 순간을 놓치지 말아야 하니까.

그리하여 시작된 '일상 프로젝트'.

2년 전 은찬이 세 살 때 아이 물건만 눈높이에 맞춰 정리해두었다. 그때는 혼자 할 수 있는 일이 많지 않아 일상을 재배치할 필요성을 느끼지 못했다.

집 안에 있는 모든 물건을 아이의 시선으로 새롭게 바라보았다. 엄마의 도움 없이도 모든 일상생활이 가능하게 바꾸는 데 꼬박 이틀이 걸렸다. 하다 보니 모든 물건이 어른의 기준이었다는 걸 새삼 깨달았다. 아이 손이 닿을 수 있는 곳에 컵, 숟가락, 젓가락을 배치했고, 책꽂이도 아이가 닿는 곳까지는 아이 책, 그 위로는 우리 부부의 책을 놓아두었다. 수건이나 옷, 로션 등도 샤워하고 나서 바로 쓸 수 있게 욕실문 바로 앞으로 이동시켜 아이 키에 맞춰 정리해두고, 서랍 전면에는 그림을 그려 라벨지를 붙였다(제발, 인터넷에 라벨지 예쁜 거 주문하겠다고 실행을 뒤로 미루지 않길 바란다. 지금 당장 시작하지 않으면 내일도 일주일 뒤에도 할 수 없다). 발 디딤대를 3개 사서 책장 앞, 부엌, 화장실에 놓아두었다(근처 다이소에 다 있다). 엄마의 역할은 딱 여기까지다. 환경을 만들어주는 것, 그거면 충분하다.

준비는 끝났다. 스텝 바이 스텝으로 아이에게 그동안 끌어안고 있었던 엄마의 일, 엄밀히 말하면 아이의 일을 하나씩 넘겼다. 절대 아이에게 한꺼번에 많은 것을 요구하면 안 된다. 하나의 일이 능숙해질 때까지 기다려야 한다. 기간은 아이마다 다르기에 언급하지 않겠다. 엄마의 잔소리 없이 습관화, 자동화가 되면 다음 단계로 넘어갔다. 내 경우는 아이가 하원 후 해야 하는 일의 순서대로 연습시켰다.

기본적인 일상

신발 정리 → 도시락 정리 → 가방 현관문 앞에 두기 → 유치원 원복 벗기 → 빨래통에 넣거나 많은 경우 세탁기 돌리기(아기 세탁기가 있으면 키가 맞아 상관없지만 큰 세탁기일 경우 발 디딤대 놓아두기) → 샤워하기(얼굴, 몸, 머리 순서로) → 수건으로 닦고 옷 입기 → 빨래 널기 → 빨래 개기 → 식사 준비 돕기(수저 놓기, 식기 정리, 밥 푸기, 반찬 꺼내기 순서로) → 양치하기 → 놀이 후 정리하기

가끔 하는 이벤트

힘들어하는 엄마를 위한 설거지와 요리하기(된장국에 호박 넣기, 어묵 썰기 등)
청소할 때 밀대 걸레로 바닥 닦기
샤워 후 욕실 정리하고 나오기

여덟 살 남자아이가 현재 하고 있는 것들이다. 네 살 때부터 시작된 일련의 과정들이 지금까지 이어졌고 아직도 진행 중이다. 주변 엄마들은 가끔 아이가 혼자 샤워를 한다고 하면 의심의 눈초리로 바라본다. 내 아이가 했으니 세상 모든 아이가 가능하다고 믿는다. 아이는 엄마의 인내심 크기만큼 해낼 것이다.

퇴근 후 집에 들어서는 순간 다시 출근하는 기분이었다. 하루의 피로를 잠시 내려놓을 틈도 없이 산더미처럼 쌓여 있는 집안일 때문에 한숨이 절로 나왔다. '오늘 늦어, 먼저 자'라는 남편의 메시지를 받는 날이면 나도 다 때려치우고 그냥 혼자 살고 싶다는 생각이 목구멍까지 차올랐다.

'내가 이러려고 결혼했나?'
'애는 나 혼자 낳았나?'

별별 생각이 다 들었다. 아이 챙기고 저녁밥까지 준비해야 하는 상황 앞에서 온갖 짜증이 밀려왔다. 나도 사람인지라 힘들고 지친 날엔 목소리도 커졌다. 다정하게 말해야지, 수없이 다짐하지만 징징거리며 다리 붙잡고 이거 해달라 저거 해달라 반복해서 말하면 머리끝까지 화가 치밀었다. 꾹꾹 억누르던 화가 표출되는 날이면 어김없이 후회가 밀려왔다. 자는 아이 붙들고 울다 잠든 날의 반복이었다.

과부하. 모든 것을 내가 다 해야 했기에 과부하가 걸린 것이다. 내 몸은 하나인데 그동안 너무 많은 일을 했다. 그 모든 것을 내가 하지 않으면 안 된다고 생각했다. 워낙 꼼꼼하고 치밀한 성격이었기에 성에 차지 않았던 것이다. 솔직히 못 미더웠다. 어차피 아이는 완벽하게 못하니 내가 다시 해야 하는 상황이 싫었다. 두 번 일이라고 생각해서 시작조차 못 하게 했다. 생각해보면 아이는 끊임없이 스스로 하겠다는 신호를 내게 보내고 있었다. 위험하다, 느리다, 안쓰럽다는 핑계로 내가 못 하게 막은 것일 뿐 아이는 늘 하고 싶어 했다.

아이의 일상을 스스로 할 수 있게 돕자, 나는 우아하게 육아할 수 있게 되었다. 아이가 혼자 씻고 정리하고 옷 갈아입는 동안 나는 저녁만 준비하면 됐다. 할 일이 생기자 아이는 더 이상 저녁상 차리는 내게 놀아달라고 징징거리지 않게 되었다. 느긋하게 저녁을 준비할 수 있게 되었다. 내가 바라던 삶, 꿈꾸던 삶이 이거였다. A부터 Z까지 다 해주려는 마음을 내려놓으니 내 일상도 바뀌었다.

오늘 누군가가 내게 "아이 키우기 힘들지 않아요?"라고 묻는다면 나는 자신 있게 답할 수 있다.

"요즘 같으면 애 열 명도 키우겠어요"

조금 과장이 들어가긴 했지만 이게 솔직한 내 심정이다. 나는 더이상 아이 가방을 손수 들고 낑낑대며 뒤따라가지 않는다. 무거운 내 짐을 아이에게 들어줄 수 있는지 묻는다. 그렇게 아이는 배려를 배우고, 힘을 키운다.

화내지 않는 법

: 아이와 나를 분리하다

"나는 우리 애들 손에 흙 하나 안 묻히고 키웠네. 코 흘리기가 무섭게 닦아주고, 행여 더러워지면 늘 새 옷으로 갈아입혔지. 메이커는 못 사줬지만, 시장에서 샀어도 깔끔하게 입혔어. 일하면서도 집은 항상 번쩍번쩍했다니까."

삼 남매를 키운 친정엄마가 무용담처럼 늘어놓은 이야기를 듣고 집으로 돌아오는 길에 남편이 말했다.

"당신이 장모님을 닮아서 그렇게 깔끔하구나."

"더러운 것보다 깨끗한 게 낫지 않아?"

"집을 깨끗하게 하는 건 좋은데 아이에게 그걸 바라는 건 폭력이야. 은찬이 이유식 먹을 때 봐봐. 꼴 못 보잖아. 손이 서툴러서 흘리는데 흘리기가 무섭게 입 닦고, 옷 닦아주면 애가 얼마나 스트레스를 받겠어. 그냥 다 먹고 한꺼번에 닦으면 되지."

"성격상 그 꼴을 못 보는데 어떡해."

"바닥에 김장할 때 쓰는 큰 비닐 깔고 먹여보자. 다 먹고 나서 비닐만 걷어내면 되지."

"식탁이랑 의자랑 벽이 난리가 날 텐데."

"닦으면 되지. 아이는 샤워시키면 되고. 내가 할게. 그거 못 보겠다고 자기가 떠먹여주면 혼자 숟가락질하는 거 더 오래 걸려. 언제까지 먹여줄 건데? 언젠가는 해야 할 일이잖아. 한번 해보자. 정 못 보겠으면 은찬이 밥 먹을 때 자기는 방에 들어가 있어."

아이가 이유식을 시작한 지 3개월이 지난 시점이었다. 결혼한 후 집이 깨끗해서 좋다고 말한 남편도 아이에게까지 깔끔함을 강요하는 건 아닌 것 같다며 처음으로 내게 말을 꺼냈다. 4개월부터 시작된 이유식, 먹는 것보다 흘리는 게 더 많았던 시절이었다. 의지가 강한 편이라 늘 아이는 자기가 스스로 먹고 싶어 했다. 숟가락 두 개를 쥐고 먹으려고 시도하다 안 되면 수저를 던져버리고 손으로 먹었다. 손으로 먹다 그 느낌이 좋은지 음식을 조물조물하며 놀았다. 놀다가 옷에 쓱 닦고, 머리를 만졌다. 수시로 그릇을 엎었고, 그릇이 하이체어(유아의 식사용 의자) 아래로 떨어지면 음식물이 벽이며 바닥으로 튀었다. 압착 식판 폭풍 검색해서 담아줘도 어찌나 아귀힘이 센지 금

28

방 떼어냈다. 참다 참다 아이 손에 장난감을 쥐어주고, 입에 밥을 넣어주었다.

　물론 나도 안다. 아이가 스스로 할 수 있게 기다려주는 것이 좋다고 말하는 육아서를 보며 시도하고 실패하고를 반복하며 자책도 해보았지만, 나 스스로 용납이 되지 않았다. 이론과 현실은 다른 거라며 합리화했다. 그런데 그런 나를 꼬집는 한마디! 그것도 남편이 내게 그런 말을 하니 마음이 힘들었다. 나도 알고 있고, 내 잘못도 인정하지만 실천하기란 쉽지 않았다. 평소 털털함과 더러움의 아이콘인 남편이 이럴 땐 유용했다. 부부가 둘 다 깔끔한 성격이었다면 아이는 자유를 만끽해보지 못했으리라. 그 덕분에 하루 한 번, 식사 시간만큼은 육아로부터 해방됐다. 남편에게 오롯이 맡기고 나는 방에 들어가서 쉬었다. 처음 한두 번은 귀를 쫑긋 세우고 밖에서 일어나는 일들이 궁금해서 귀를 문에 대고 엿들었다. 그런데 시간이 흘러 조금씩 무뎌졌고, 내려놓으니 마음이 편했다. 한번은 방에 들어갔다가 잠들기도 했다. 남편이 회사에 간 낮 시간에는 반은 떠먹여주고, 반은 스스로 먹게 했다. 시간이 흐르니 아이도 손의 기술이 늘어갔고, 서서히 적응해갔다.

사실 내가 아이에게 숟가락을 주지 않은 이유를 잘 생각해보면 치우기 싫어서였다. 그냥 밥을 떠먹여주면 그걸로 끝인데 아이에게 주도권을 주면 일거리가 늘어난다. 나는 그 뒤치다꺼리를 하기 싫었던 것이고, 그걸 참지 못한 것이다. 육아를 하다 보면 정말 지칠 때가 많다. 특히 아이가 세상에 태어난 직후부터 24개월까지가 그랬다. 아이를 키우며 엄마는 이중인격자가 된다. 아이를 보면 한없이 사랑스럽다가도 징글징글 미워지는 순간이 하루에도 몇 번씩 찾아왔다. 오죽하면 자는 아이가 세상에서 제일 예쁘다고 할까. 이 말의 의미를 아이를 낳은 후에 알았다.

열 달 동안 내 배 속에 품었던 아이가 세상에 나온 뒤 나는 헷갈렸다. 애초에 하나였던 몸에서 분리되어 나온 아이였기에 나의 분신이라 여겼다. 아이의 일이 내 일처럼 느껴졌고, 그래서 힘들었다. 아이가 내 기준에 못 미칠 때, 내 뜻대로 움직여주지 않는 아이를 보며 답답함을 느꼈고 화가 났다.

나는 늘 아이에게 빙의되었다. 조금 더 크니 숙제하지 않는 아이를 보며 불안해했다. 모범생으로 살아온 내게 숙제를 안 한다는 것은

있을 수 없는 일이었다. 그런 아이를 바라보는 것 자체가 스트레스였다. 내 마음속의 강박이 아이를 다그치게 했다. 내가 가진 사고의 틀로 아이를 옭아매고 순응하길 바라니 아이는 숨이 막혔으리라.

사실 숙제는 아이의 일이지 엄마의 일이 아니다. 숙제를 하지 않아서 일어날 일은 온전히 아이의 몫이다. 아이가 하지 않기로 결정했다면 그것 역시 아이의 선택이다. 아이의 선택을 인정해주고 한 발 뒤로 물러서서 그다음 일어날 일을 지켜보면 되는 것이다. 선생님께 혼나고 나서 다음 날 숙제를 해야겠다고 결심하는 것이 훨씬 더 중요한데, 그때까지 기다리지 못하는 것이다. 혹시 선생님께 낙인찍히지 않을까, 남들보다 뒤처지지 않을까 오히려 엄마가 안달한다. 급기야 아이는 엄마를 위해 숙제하는 사태가 벌어진다.

"조심 좀 해."

"흘리지 말고 딱 대고 먹어. 싱크대에 서서 먹어라. 그게 낫겠다."

"또 쏟았어? 그러니까 엄마가 해준댔지. 제발 좀 기다려."

내가 육아를 해온 지난날들을 가만히 들여다보니 아이의 일이 내 일이 될 때 짜증이 났다. 마트에서 아이가 웨하스를 고르면 아이를 꾀어 다른 것을 고르게 했다. 단지 치우기 싫다는 이유만으로 말이다. 가루가 날려 집이 더러워지면 내가 치워야 한다고 생각하니 애초에 사지 못하게 막은 것이다. 유난히 깔끔했던 나 때문에 아이는 항상 선택의 폭이 좁았다.

엄마인 나와 아이의 분리, 그것이 내가 찾은 답이었다.

"엄마, 저 샤워할 때 제 팬티 빨아보고 싶어요."

"저 햄 자르는 거 해볼래요."

"청소기 써도 돼요?"

적어도 느리다는 이유로, 위험하다는 핑계로, 귀찮다는 마음으로 아이의 행동을 막지 않게 되었다. 아이는 점점 스스로 할 수 있는 일들이 늘어났다. 손의 근육이 세련되어졌고, 자신의 일을 엄마에게 미루지 않았다.

엄마의 자리에 들어선 아이의 자리, 아이가 내어준 시간은 엄마에게 마음의 여유를 선물했고 넉넉해진 엄마는 아이에게 따스한 말을 건넸다.

"한 번 말하면 좀 들어라!"

대신

"엄마 이야기 들어주면 좋겠어."

"언제 할래?"

대신

"언제까지 할 수 있을까?"

"숙제 해야잖아. 안 돼!"

대신

"숙제하고 마음껏 해."

긍정의 언어들로 채우니 화낼 일이 줄어들었다.

아빠 캐스팅

: 시간을 함께하는 아빠를 만나다

"알았어. 내가 도와줄게. 도와주면 되잖아!"

이 말 한마디에 나는 이성을 잃었다. 아이가 퇴원하던 날이었다.

진단서에 쓰인 여섯 글자, 상세불명의 열. 이것 때문에 10일 가까이 아이와 나 그리고 친정엄마가 고생했다. 아직 세 돌이 넘지 않은 아이에게 40도가 넘는 고열은 감당하기 힘든 체온이었다. 자주 열이 나는 아이였다. 아프면 열부터 났던 터라 이번에도 괜찮을 줄 알았다. 신생아 때 응급실로 쪼르르 달려갔다가 더 고생했던 기억이 있어서 물수건을 믿어보기로 했다. 열이 잡히지 않아 해열제 종류를 바꿔가며 먹이고, 수시로 체온을 쟀다. 1분이 1시간처럼 느껴졌다. 아침 해가 이렇게 늦게 떴나 싶었다. 밤새 뒤척이다 겨우 잠든 아이

팔을 들어 옷을 입히고 동네 소아과로 갔다. 내려오는 눈꺼풀을 이기지 못하고 깜박 졸았나 보다. 아이가 나를 흔들어 깨웠다. 입원해야 하는 상황이지만 메르스가 유행이라서 병실이 없단다. 택시를 타고 병실이 많은 다른 동네 아동 병원으로 향했다. 수액을 맞아야 하는데 열 때문에 혈관이 숨어버렸다. 세 번째 바늘을 찌르는 데 실패하자 발 쪽으로 방향을 바꿨다. 아주 작은 발 하나가 핏기 없이 놓여 있었다. 아이는 소리조차 지르지 않는다. 울지 않는 아이를 붙들고 하염없이 울었다. 병원의 구석진 곳에서 직장으로 전화를 걸었다. 하루의 연차가 이틀로 변하는 순간 불편한 감정이 수화기 너머로 전해졌다. 남편에게 전화해 이틀은 내가 병원을 지킬 테니, 그다음을 책임질 수 있는지 물었다. 눈치 보인다는 말과 함께 아이의 병원행은 친정엄마가 도맡는 것으로 결론 났다.

4일간의 입원에도 차도가 없자 원장님은 소견서를 써주며 대학병원을 권했다. 다시 시작된 혈액검사와 수액 맞기. 처음부터 대학병원으로 오지 않은 나 자신을 자책했다. 엄마의 무지가 아이를 더 힘들게 한 것 같아 아이가 좋아하는 새우죽 위로 눈물이 후두둑 떨어졌다. 다행히 옮긴 지 이틀 만에 열이 잡혔지만, 원인을 알 수 없어 조금 더 지켜보자는 교수님의 말에 3일 더 쪽잠을 자야 했다. 낮에는 친정엄마, 밤에는 내가 아이 곁을 지켰다. 남편은 주말 중 딱 하루 토요일에 병원에서 잤다. 평일에는 병문안 오는 사람처럼 잠깐 들렀다가 집으로 갔다. 문을 나서는 그의 뒤통수가 왜 그렇게 미웠는지 모른다. 새벽에 출근해 밤늦게 퇴근하는 사람이라 어쩔 수 없다는 생각이 들면서도 서운한 마음은 가시질 않았다.

10일 가까이 집을 비우고 돌아왔는데 문을 열자마자 짜증이 확 밀려왔다. 해도 해도 너무한 거 아닌가. 잔칫집을 방불케 하는 신발들, 씻지 않은 컵, 개수대 밑 음식물을 비우지 않아 올라오는 썩은 내, 여기저기 나뒹구는 베개, 세면대의 머리카락. 그뿐인가. 피곤해서 누웠는데 손에 잡히는 과자 부스러기. 인내심의 한계를 넘었다. 전화를 하려다 참았다. 퇴근해서 들어오는 남편을 향해 최대한 화를 누르며 말했다.

"자기야, 이건 아니잖아."

"알았어. 내가 도와줄게. 도와주면 되잖아."

뒷말이 뻔하다는 듯 급하게 수습한답시고 던진 남편의 말에 나는 이성을 잃었다.

'아니, 뭘 도와준단 말인가?'

도와준다는 건 순전히 내 일인데 백번 양보해서 대신 해줄게라는 말 아니던가. 집안일은 모두 아내의 몫이라는 기본 전제 없이는 나올 수 없는 말이었다. 어이가 없었다. 평소 집안일을 할 때 오만 생색은 다 내고 하더니 이유가 있었다. 이날 이후 우리 부부에게 '아이는 하나'라고 못을 박았다. 첫 아이가 태어나기 무섭게 딸을 낳고 싶다던 남편도 육아의 길로 들어서며 꿈을 접었다.

　나 하나 희생하면 온 집안에 평화가 찾아올 거라 생각했다. 남편 월급이 나보다 많으니까, 내가 하는 게 더 빠르니까. 내가 더 일찍 퇴근하니까 내가 더 많이 해야 한다고 생각했다. 아니 내가 다 해야 한다고 생각했던 것이다. 이 모든 생각을 고이 접어 쓰레기통에 던졌다. 착한 아내 코스프레는 더 이상 나를 위해서도 아이를 위해서도 필요하지 않았다.

　남편은 가시는 걸음걸음 자신의 흔적을 온 집에 뿌리고 다니는 사람이었다. 양말을 거꾸로 벗어놓을 뿐만 아니라 샤워 후 젖은 수건을 아무 데나 툭 던져놓았다. 욕실 바로 옆에 수건 바구니가 놓여 있음에도 말이다. 태어나서 단 한 번도 세탁기를 돌려본 적이 없다고 했다. 그런 사람에게 빨래를 널어달라 했더니, 배배 꼬인 채로 건조대에 올려두었다. 시어머니는 전업주부였다. 주부란 모든 집안일을 하는 사람이라 정의 내리고, 가족 구성원이 자신의 고유한 영역을 침범하는 것을 용납하지 않으셨다. 심지어 식탁에 수저도 놓지 않고 온 식구가 가만히 앉아서 밥상을 받고, 먹고 치우는 것도 온전히 어머니 몫이었다(물론 예상하겠지만 며느리는 예외였다). 남편은 '남자가 어디 부엌에 들어오냐'는 말을 들으며 자랐다. 그런 집에서 30년을 살다 결혼한 사람이었다.

엄마는 아이를 배 속에 품는 순간부터 연결되지만, 아빠는 아니었다. 돌이켜 생각해보니 엄마라는 매개체를 빼고 온전히 아이를 스스로 책임져본 시간이 없었다. 은찬이는 생후 6개월까지 1시간마다 깨서 우는 아이였다. 모유가 부족해서 깬다는 걸 알지 못했고, 수많은 밤을 나 혼자 뜬눈으로 지새웠다. 남편은 아이의 울음소리를 듣지 못했다. 들리지 않는다고 했다. 그렇게 큰 소리로 울어대는 아이 소리에 잠에서 깰 법도 한데 한결같이 잘 잤다. 처음엔 일부러 못 듣는 척하는 거라고 생각했다. 아니었다. 만약 그런 척하는 거라면 남편은 연기자로 직업을 바꿔야 했다. 그저 남편은 나를 믿었던 것이다. 내가 아이를 돌볼 거라는 믿음이 남편을 숙면으로 이끌었다. 전적으로 나에게 일임하는 육아 시간이 늘어나자 늘 한 발 빼고 아이를 봤다. 아이가 말을 하기 전까지 정말 사랑스러운지 모르겠다고 말했다. 안으면 매번 울어대고 엄마만 찾으니 그도 그럴 것이다. 낯가림이 끝나갈 무렵 아이는 아빠에게 안겼지만 남편은 나 없이 온전히 아이를 보는 것은 여전히 두려워했다. 아이는 잠결에 아빠 손길이 닿으면 귀신같이 알고 일어나서 대성통곡하며 엄마를 찾았다. 재우고 일하러 잠시 나갔다가 낭패를 본 적이 한두 번이 아니었다. 복직을 앞두고 나는 일과 육아 둘 다 잘해낼 자신이 없었다. 결국 나의 화는 아이에게 갈 것이고, 나도 아이도 힘들어질 게 불 보듯 뻔했다.

결국 아이 아빠를 캐스팅하기로 마음먹었다. 육아의 주인공으로

설 수 있게 도와야 한다. 주말마다 특별한 음식을 먹거나 근교 여행을 가는 것으로 자신의 소명을 다했다고 느끼는 남편에게 완전 리얼 육아를 경험시켜야겠다는 결심이 섰다. 남편에게 최대한 나의 마음을 표현했고, 나만의 시간이 필요하다고 말했다. 그동안 한 행동이 있으니 거부하지 못했다. 아이와 남편 둘만 두고 외출을 감행했다. 처음에는 2시간, 4시간, 차츰 늘려서 온종일 밖에서 나만의 시간을 즐겼다. 책도 읽고, 친구도 만나고, 영화도 봤다. 어느 날 자신감이 붙었는지 아이와 둘이 기차여행을 가겠다고 말했다. 장족의 발전이라고 폭풍 칭찬했더니 광주 시댁을 기차 타고 간다는 것이 아닌가. 남편의 꼼수가 눈에 보였지만 모르는 척해주었다.

시간을 조금씩 늘려가자 아이도 조금씩 아빠에게 젖어들었다. 은찬이는 자다 깨는 경우 잘 때 재워준 사람을 찾는 이상한 버릇이 있다. 아이가 "아빠"를 애타게 부르는 소리를 들으며 남편은 눈시울을 적셨다.

"오늘은 아빠랑 잘 거예요. 엄마 일하고 천천히 와요."

이 말을 듣기까지 꽤 오랜 시간이 걸렸다. 처음부터 순조로운 것은 아니었다. 조금씩 바뀌나간다는 생각으로 내가 원하는 것을 반복해서 말했다. 이때 필요한 것은 기다리는 자의 여유로움과 온화한 미소다.

"아이랑 좀 놀아줘"라고 말하면 자꾸 구차해진다. 자꾸 부탁하는 것 같아 더럽고 치사해서 '됐어, 내가 할게'라는 말이 목구멍까지 차오른다.

이러면 안 될 것 같아 시간을 분리했다.

"자기 전에 아이 책 세 권은 자기가 읽어주는 거야."

이렇게 구체적으로 말해야 남자들은 그 일을 수행한다. 그것이 어느 정도 익숙해지면 "샤워하고 딱 십 분만 몸으로 놀아줘"라고 다음 미션을 구체적으로 제시한다.

무심결에 "엄마" 대신 "아빠"를 부를 때, 그때부터가 진짜 '아빠 육아'의 시작이었다. 아이의 무의식 속에 녹아든 아빠는 언제든 어디서든 아이가 필요로 할 때 튀어나왔다.

"자기는 어떤 아빠이고 싶어?"

"친구 같은 아빠? 자상한 아빠? 따뜻한 아빠?"

친구 같은 아빠가 되고 싶다는 남편은 아이를 혼내지 않았다. 한때는 그것이 불만이었다. 아이의 잘못된 행동을 지적하면 그나마 유지되고 있는 관계가 틀어질까 봐 두렵다고 했다. 아무리 혼내도 다시 찾는 엄마가 훈육을 담당하고 본인은 한없이 너그러운 모습으로 아이를 대하고 싶다고 말했다. 이를 다시 거꾸로 생각해보았다. 아이는 왜 혼나도 다시 엄마 품으로 올까?

결론은 이미 나왔다.

"'친구 같은 아빠' 말고 '시간을 오롯이 내어주는 아빠'가 되어줘."

지금 이 순간, 아이의 시간은 다시 오지 않는다. 아빠가 육아의 주인공이 되어 가족이라는 이름으로 함께할 때 진짜 '행복'이 시작된다는 걸 믿는다.

위기의 아이들

: 스마트폰, TV중독 36개월을 사수하다

은찬이는 유독 먹을 것을 좋아했다. 서너 살 때도 먹을거리만 있으면 한 시간이고 두 시간이고 거뜬히 앉아 있는 아이였다. 종류도 가리지 않고 잘 먹었는데, 다만 먹고 나서 꼼지락거리며 손으로 하는 놀이를 즐겼기에 활동량이 적어서 그랬는지 변비가 심했다. 변비 이야기를 하려는 것은 아니다. 앉아 있는 힘을 키우기 위해 내 아이가 좋아하는 것을 찾으려고 노력했다.

친구를 만나러 나가는 길, 자주 있는 일은 아니었지만 엄마도 사람인지라 돌파구가 필요했다. 그런 날이면 나는 아이를 위해 만반의 준비를 했다. 가방의 절반 이상을 아이 이유식(커서는 볶음밥), 고구마, 감자, 쌀과자, 각종 과일, 검은콩, 물, 우유 등으로 채웠다. 단, 자극적인 음식은 흥분과 짜증을 유발하므로 피했다(초콜릿도 36개월 전에는 먹이지 않았다). 만남에 집중하기 위해 준비한 종합 선물 세트! 끝없이 나오는 먹거리를 보며 지인들은 요술 가방이라 불렀다.

당시 결혼하지 않은 친구나 동생이 많았기에 그때를 회상하는 지인들은 은찬이 먹는 장면만 떠올린다. 먹는 것도 엄마가 옷이 더럽혀질까 봐 혹은 주변이 더러워질까 봐 떠먹이면 엄청 빨리 먹는다. 아이 손에 숟가락 혹은 에디슨 젓가락을 쥐어주거나 더 어렸을 때는 손으로 집어먹게 했다. 여벌의 옷은 항상 가지고 다녔다. 바닥에 떨어진 잔여물들은 나중에 한꺼번에 닦고 나오면 되니 문제 될 것이 없었다.

밥도 먹고 후식도 먹어서 배가 어느 정도 불러 먹는 것에 흥미가 사라지면 두 번째 비장의 무기를 꺼낸다. 바로 콩 옮기기! 나는 시골에서 공수한 검은콩을 일주일에 한 번 좌판을 벌이는 뻥튀기 장수 아저씨께 넘겼다. 고소한 그 맛은 아이의 오감을 자극하기에 충분했다. 아이 소근육 발달에도 좋고 미각을 자극하기에 그만한 것을 아직 찾지 못했다. 콩이 두뇌 발달에도 좋다고 하니 일석이조다. 그릇 두 개를 놓고 한쪽에서 다른 한쪽으로 옮기게 했다. 먹을 때와 똑같다. 어릴 땐 열 손가락으로 옮기고, 익숙해지면 숟가락, 젓가락 순으로 수준을 높이면 된다. 아주 간단하고 쉬운 방법인 만큼 언제 어디서나 쓸 수 있다. 생각보다 집중력을 요하는 작업이기에 콩 옮기기를 열심히 하고 나면 아이는 에너지가 소진되어 다시 먹을 것을 찾는다.

먹고 콩 옮기기를 반복하다 싫증 내면 책을 쥐어줬다. 책은 전 국민의 수면제. 책에 있는 그림을 보다 스르르 아이는 잠이 들었다. 세상 엄마들이 답했다, 내 아이가 가장 예쁠 때는 자고 있을 때라고.

스마트폰은 쥐어주고 싶지 않았다. 어른들의 대화에 방해가 된다고 아이를 네모난 상자 안에 가두고 싶지는 않았다. 36개월 전에는 절대로 미디어에 노출시키지 않겠다는 나만의 원칙이 있었다. 잠깐의 불편함을 못 이겨 아이의 울음에 넘어가 스마트폰을 주고 나면 걷잡을 수 없는 수렁으로 빠질 것이 불 보듯 뻔했다. 모든 순간이 평탄했던 것은 아니다. 아이가 인정하기까지 시간이 필요했다. 옆 테이블 아이가 뽀로로에 열중하고 있는 걸 더 가까이에서 보려고 몸을 움직이다 유아용 식탁이 넘어가는 걸 붙잡은 적도 있다. 중간중간 짜증을 부리거나 아이가 의자에 앉아 있기를 거부할 때면 나 역시 내적 갈등이 최고조에 이르렀다. 이야기를 나누던 중 꼭 중요한 타이밍에 아이는 떼를 부렸다.

'줄까 말까?'

아무리 생각해도 아니었다. 아닌 것은 아니다. 잠깐의 편안함을 위해 현실과 타협하지 말자며 수없이 되뇌었다. 그때는 힘들었지만, 원칙을 고수하는 사이 아이는 커갔다. 은찬이 여덟 살이 된 지금, 그때 내 선택을 믿는다. 혼자 놀 줄 아는 아이, 멍때리다 무언가를 뚝딱 창작해내는 아이, 엄청나게 집중력을 발휘하는 아이……. 이는 모두 미디어에 노출시키지 않으려는 그간의 노력 덕분이다.

사실 외부에서의 시간은 잠깐이다. 오히려 집에서의 유혹이 훨씬 많다. 집에서의 환경이 갖춰졌기에 외출했을 때도 아이는 평정심을 유지할 수 있었다. 고기도 먹어본 사람이 많이 먹는다고 했다. 먹어본 적 없는 아이는 고기를 달라고 하지 않는다.

결혼 전 남편에게 요구한 것이 딱 하나 있다. 거실의 서재화. 나의 오랜 로망이었다. 커피향이 은은하게 퍼지는 거실에서 우아하게 책 읽는 상상을 수도 없이 했다. 그래서 가전보다 가구에 무게를 실어 신혼살림을 꾸렸다. 거실에 들어가는 전면 책장만큼은 원하는 디자인으로 제작하고 싶어서 일산 가구 단지까지 갔다. 혼수에서 TV 항목을 과감하게 빼고 싶었다. 어차피 보지 않을 거 비싼 돈 주고 사야 하나 수없이 고민하다 결국 샀다. 시댁에서 TV도 안 해왔다고 평생 한 소리 들을 테니 꼭 사야 한다는 친정엄마의 현실 조언을 받아들였다. 물론 우리 집의 가장 큰 애물단지는 안방에서 먼지를 먹으며 죽어 있다. 아이를 위한 최고의 출산 선물은 TV 대신 전면 책장을 거실에 배치하는 것이다. 그런데 이렇게 애써 돈 들여 환경을 만들어놓고 스마트폰으로 야구 보고 게임 하고, 노트북으로 드라마 볼 거

면 그냥 목 디스크 예방을 위해 거실에 TV를 놓는 것이 낫다.

나는 이것이 결코 아이를 위한 부부의 희생이라고 생각하지 않는다. TV가 없는 거실에서는 부부의 대화가 살아난다. 믿을 수 없겠지만 심심해서 책을 보게 되고, 책을 읽다 보면 이야기가 하고 싶어지고, 부부 사이 대화가 끊이질 않게 된다. 너무 이상적이라고? TV를 없앤 후 우리 부부, 아니 은찬이의 변화를 이야기하자면 아마 이 책의 지면을 다 써도 부족할 거다.

EBS에서 방영된 2004년 〈TV가 나를 본다-20일간의 TV 끄기 실험〉은 내가 남편에게 거실의 서재화를 함께하자고 요청한 가장 큰 이유였다. 미디어의 노예가 되고 싶지 않았다. 실험을 자세히 들여다보니 어른보다 아이들의 변화 속도가 현저히 빠르게 나타났다. 해보지 않고서는 모른다. 가족의 삶과 시간이 변하는 짜릿함을 직접 경험해봤으면 하는 게 내 솔직한 마음이다. 사람을 만날 때마다 이 좋은 일을 전파하려 애썼다. 물론, 지금도 이야기하지만 집 안에서 가장 큰 면적을 차지하는 거실의 구조를 바꾸는 일은 쉽지 않다. 고개를 끄덕이지만 뒤돌아서 실천으로 옮기는 사람은 많지 않은 게 현실이다. 내 이야기를 듣고 단 한 사람이라도 바뀐다면 의미 있는 외침이라 생각한다. 거실이라는 공간을 소통의 장으로 꾸며놓았을 때, 내 아이는 대화로 부모와 만나고, 책으로 세상을 만난다.

"엄마, 방금 그 말 은행에서 돈을 빌려서 집 사야 한다는 말이지?"

"아빠, 그래서 일본은 여름에 덥다는 거잖아. 맞지?"

아이의 말을 듣다 보면 깜짝깜짝 놀란다. 우리 대화의 90퍼센트 이상을 알아듣고 있다. 가만히 놀이하다가도 툭 자신의 생각을 내비친다. 자신만의 언어로 재해석해 그것이 맞는지 묻는다. 집에 오는 길에 "유치원에서 뭐 했어? 재미있었어?"라는 질문에는 시큰둥한 표정을 짓는 녀석이지만, 이럴 때만큼은 먼저 말하겠다고 아우성친다. 아이가 이해할 만한 말로 조금 더 쉽게 이야기해주면 아이는 세상을 다 가진 표정으로 대화를 이어나간다. 어색함 없이 세 가족은 이런저런 삶의 이야기들로 오늘의 식탁을 채운다. 밥 먹을 때 무심코 나눈 부부의 대화를 통해 아이는 세상을 알아가고 호기심을 키운다.

아이가 어른과 대화하지 못한다는 것은 어른들의 편견이다. 어릴 때 부모님 친구들이 집에 오시면 문에 대고 어른들의 대화를 엿들었다. 들릴 듯 말 듯한 음성을 들어보고자 온 신경을 문밖의 이야기에 집중했다. 궁금했다. 물론 엄마가 나에 대해 뭐라고 말하는지 듣고 싶은 마음도 있었지만, 그저 어른들의 세상이 궁금했다. 고2 때 PC 통신이 나왔고, 고3 때 처음으로 이메일을 만들었다. 인터넷이 없던 시절, 책이 귀했던 시절 나는 세상을 알기 위해 귀를 기울였다. 손님 왔으니 방에 들어가 있으라고 말한 엄마가 야속했다.

그 시절 억울했던 기억 때문에 "애들은 가, 애들은 가" 하지 않고 자연스럽게 아이를 끌어들여 대화에 끼워준다. 사실 아이들이 들으면 안 되는 이야기는 없다. 그런 이야기라면 애당초 하지 말아야 한다. 그러니 어른들의 대화에 입 다물고 있어줄 아이를 위해 스마트폰을 쥐어주는 일 따위는 안 해도 되는 것이다.

나라고 위기의 순간이 왜 없었을까. 내가 가장 많이 흔들렸던 곳은 시댁과 친정이다. 할머니 집에만 가면 내 눈을 피해 터닝메카드와 공룡메카드, 베이 블레이드를 보는 아이를 통제하느라 육아 초반에 참 힘들었다. 어느 날 만화 주인공 이름과 로봇 이름을 줄줄 대는 아이의 모습이 낯설었다. 엄마를 실망시키지 않기 위해 거짓말도 함께 따라왔다. 내 상황이 여의치 않아 아이를 맡겨놓고 데리러 갔다가 오히려 애를 봐준 친정엄마에게 화를 내는 상황이 반복되자 너무 힘들었다. 평생 TV를 켜놓고 살아오신 부모님께 내 생각을 강요하는 것이 어쩌면 내 욕심이라는 생각이 들었다. 아무리 말해도 돌아서면 똑같았다. 바뀔 거라 기대한 내 마음을 접는 게 더 빨랐다. 친정엄마에게는 어느 정도 내 교육관을 이야기하고 동의를 구했으나 대한민국 하늘 아래 시어머니는 넘사벽이다. 남편을 앞세워 시어머니를 설득하려 했으나 아이는 갈수록 영악해지고, 이 땅의 조부모는 한없이 아이에게 약하다. 다행인 것은 할머니와 엄마를 구분한다는 것이었고, 어쩌면 그곳이 아이에겐 잠깐의 돌파구일 수 있을 거라는 생각에 인정하고 받아들였다. 할머니 댁에서 본 TV는 아이가 유치원에서 또래와의 대화를 이어나가는 수단이 되었다. 할머니도 아이도 엄마도 중간 어딘가에서 만난 기분이다. 3년을 넘게 싸운 결과다.

다섯 살 때부터 아이에게 유튜브로 처음 보여준 채널은 '종이접기'다. 아이가 만들고 오리고 자르고 붙이는 걸 워낙 좋아해서 종이접기 수업을 원해 겨우 알아봐서 보냈는데 딱 한 번 가더니 고개를 저었다. 이유를 물으니 자기가 원하는 걸 만들 수 없어서 싫다고 말했다. 선생님 대신 종이접기 책을 사줬더니 자기주도적 학습이 불가능했다. 엄마인 나도 보면서 책을 보며 접는 게 힘들었다. 찾아보니 다양한 종이접기 채널이 있길래 검토해본 후 두 채널을 아이에게 권했고, 아이도 좋아해서 하루 1개 정도 유튜브를 보며 아이가 선택한 종이접기를 하고 있다. 하루 최대 2개를 넘지 않고, 아이가 원할 때만 보여주니 이제는 영상을 보지 않고 스스로 창작까지 한다. 만든 창작물을 친구, 동생, 누나, 형들에게 선물하는 재미에 빠졌다. 아이가 스스로 더 보고 싶은 마음을 조절하는 게 신기하다. 엄마인 나도 넋 놓고 보면 두세 시간 훌쩍 빠지는 게 TV인데, 아이는 지금까지 엄마

와의 약속을 잘 지키고 있다.

어쩌면 요즘 아이들이 가장 불행한 세대 아닐까. 모유를 먹이면서도, 놀이터에 와서도, 밥을 먹으면서도 한 손에 스마트폰을 쥐고 사는 부모를 만나 태어나면서부터 전자파에 노출된 아이들……. 두 눈 빨갛게 토끼눈이 되어 어둠 속에서 스마트폰 화면을 보는 엄마가 뿜어내는 블루라이트 아래 잠드는 아이들이 불쌍하다는 생각이 든다.

무작정 미디어 노출을 막으라는 것은 아니다. 우리 아이들이 사는 초연결 시대의 세상에서 스마트폰은 필수이니까 잘 가지고 놀 줄 알아야 한다. 다만 세계보건기구 WHO가 2~4세 어린이의 경우 하루 1시간 미만, 1세 이하는 노출되는 일이 없어야 한다고 밝혔듯 최소 36개월 이전의 미디어 노출은 막아야 한다는 생각이다.

은찬이는 여덟 살이 되자 유튜브 크리에이터가 되었다. 유튜브를 보다가 광고가 있는 이유를 물었고, 수익 구조에 대해 설명해주자 직접 방송을 해보고 싶다고 말했다. 유튜브 채널 이름 짓기, 내용 구성, 촬영 도구 등에 대해 구체적으로 고민하기 시작했고, 우리 부부는 적당한 거리를 두고 그저 지켜볼 뿐 개입하지 않았다. 시행착오를 겪으며 아이는 또 다른 세상을 배우는 중이다.

부모가 인터넷을 끊고 스마트폰을 완벽하게 차단할 수 없다. 그래서도 안 된다. 다만 현명하게 소비하고 스스로 절제할 수 있을 때까지 부모가 함께해야 한다. 만약 게임을 좋아한다면 이유를 묻고 생각을 다듬어주는 대화를 시작해보는 건 어떨까?

육아의 모든 것

: 남편과의 대화로부터 시작된다

통금 시간 9~10시. 외박 금지.

"어디 가냐? 누구 만나는데? 몇 시까지 오냐?"

신발을 신으려 현관문을 나서면 어김없이 물으셨다. 그 짧은 찰나 귀가 시간을 고민했다.

'그냥 오늘은 늦는다고 해볼까?'

결국 "아홉 시까지 올게요" 하고 나갔다.

부모님 말씀에 따르면, 세상이 위험한 탓에 여자가 할 수 있는 일은 많지 않았다. 사춘기 시절을 포함하여 한 번도 아빠의 말을 거스른 적이 없었다.

취업하고 첫 회식을 하던 날이었다. 직장에서 집까지 차로 40분

거리. 10시까지 오려면 최소 9시에 인사를 하고 나와야 했다. 나를 위한 회식 자리에서 9시에 집에 가야 한다는 말이 차마 떨어지지 않았다. 앉아 있는 내내 불안에 떨었다. 겨우 양해를 구해 10시에 빠져나와 11시에 집에 도착했다. 무거운 침묵, 불편한 마음, 죄인이 된 듯한 나를 마주했다.

'나는 무엇을 잘못한 걸까?'

직장생활을 하며 이런 일들이 여러 번 반복되자 가슴이 답답했다. 집을 나가고 싶다는 생각이 들었다. 10대 때도 하지 않은 생각이 왜 20대 후반에 나를 흔드는 것인지 나조차 알 수가 없었다.

태어나 처음으로 엄마에게 내 이야기 한 번만 들어달라고 애원했다.

"엄마, 나 독립하고 싶어."
"택도 없는 소리 말어. 니가 독립하는 유일한 방법은 결혼밖에 없어."

돌아오는 대답은 절망적이었다.

가부장적인 아빠에게서 벗어나 독립해야겠다는 생각이 결혼을 결심한 가장 큰 이유였다. 심야 영화도 볼 수 있고, 여행도 마음대로 다닐 수 있다고 생각하니 세상을 다 가진 기분이었다. 신혼생활을 즐기려던 찰나, 결혼한 지 정확히 한 달 만에 아이가 생겼다. 억울했다. 이제 본격적으로 놀아보려고 했는데 하늘도 무심하시지.

결혼과 동시에 아내라는 직함과 며느리라는 명함도 따라왔다. 그리고 아이를 배 속에 품은 그날부터 나는 정경미가 아닌 엄마가 되었다. 다시 내 꿈을 내려놓았다. 직장에서 인정받았고 이대로 가면 승진도 보장받는데 내 손으로 키우겠다고 육아휴직을 선택했다. '나'는 다시 시작할 수 있지만, 아이의 시간은 다시 오지 않으니 내가 희생하는 것이 맞다고 생각했다. 기꺼이 원해서 스스로 선택한 것이 아닌, '희생'이라고 생각한 순간 마음은 지옥이었다. 내 안의 좌절된 욕망들이 나를 무기력하게 만들었다. 일하고 싶었지만, 하루 중 대부분을 아이와 함께했다. 2년 동안 내 시계는 멈췄다. 그러는 사이 남편의 야망은 증기기관차처럼 뽀얀 연기를 내뿜으며 요란하게 앞만 보고 달렸다.

아이가 태어난 지 50일 즈음 남편은 신입사원 교육을 맡게 되어 기흥에 한 달간 출장을 가야 한다고 말했다. 자신의 커리어를 위해 좋은 기회라고 말했다. 나에 대한 일말의 배려 따윈 없었다. 선택권을 준 게 아니라 일방적인 통보였다. 육아는 전적으로 내 몫이었다. 한 달 동안 전화도 거의 안 되고, 중간에 딱 한 번 집에 올 수 있다고 말했다.

지옥 같은 나날이었다. 말 못하는 아이와 밤새 울다 지쳐 잠이 들었다. 한 시간에 한 번씩 깨는 아이 때문에 잠을 푹 자는 게 소원이었다. 친정엄마가 같은 아파트에 살지만 혼자 힘으로 키우고 싶었다.

독립하겠다 해놓고, 다시 도와달라고 전화하는 게 싫었다. 알량한 자존심 하나 지키겠다고 버텼다.

1월의 추운 겨울날, 아이 빨래를 널다가 문득 창문 너머 하늘을 보았다. 강렬한 햇빛과 정면으로 눈을 마주친 순간 머리가 핑 돌았다. 정신을 차리고 무거운 창문을 천천히 열었다. 차가운 공기가 늘어진 티셔츠 속으로 훅 들어왔다. 답답한 마음이 저 밖을 나가면 뻥 뚫릴 것 같았다. 나도 모르게 난간을 오르고 있었다. 다행인지 불행인지 악을 쓰고 우는 아이 때문에 황급히 내려와 젖을 물렸다. 차가운 공기가 아이의 따스한 온기로 데워졌다. 그제야 나는 내가 무슨 짓을 했는지 깨달았다.

그날 밤 남편의 전화를 기다렸다. 새벽이 되어서야 1~2분 통화가 가능한 상황이었다. 말하고 싶어서 미칠 것 같았는데, 수화기 너머 남편의 목소리가 들리자 말이 나오지 않았다. 목구멍에 가득 찬 덩어리가 내 말을 막고 있었다. 눈앞이 흐려졌고 손등 위로 액체가 떨어졌다.

"여보세요? 여보세요? 내 말 안 들려? 전화가 이상한가?"

띠, 띠띠띠. 남편은 수신 장애로 알고 전화를 끊었다. 다시 걸려온 전화, 한참의 침묵을 깨고 말했다.

"나 힘들어."

"알아. 힘든 거 알아. 조금만 참아보자. 나 이번 주말에 가잖아. 뭐

가 힘든데? 집안일? 청소하는 이모 당장 알아볼게. 목욕시키는 거 힘
들면 산후 도우미 신청할까? 아니면 장모님한테 전화할까? 지금 전
화할게. 끊어봐."

"아니…… 하지 마."

청소하는 이모가 필요한 게 아니었다. 나는 그저 내 말을 들어줄 내
편이 필요했던 것이다. 마지막 절규였던 것이다. 나는 내 마음을 말했
지만, 남편은 엉뚱한 해결책만 잔뜩 늘어놓았다. 다급한 것이 느껴졌
다. 곧 끊어야 하는데 뭔가 문제가 생긴 것 같고, 그러니 남편은 내 마
음을 들여다볼 여유가 없었던 것이다. 나는 말하고 있었지만, 대화가
아니었다. 마음을 읽지 못한 대화는 오히려 상처가 되어 돌아왔다.

불 꺼진 거실에 쪼그리고 앉아 하염없이 창문 너머 세상을 바라보
았다. 거리를 밝히는 불빛들을 보며 내가 왜 이러고 있을까를 생각
했다. 새벽녘 하나둘 꺼지는 가로등을 보며, 그 거리에 내가 없음을
발견했다.

그토록 독립하고 싶다던 한 여인은 결혼한 순간 다시 남편에게 의
지했다. 나 자신과 내 행복을 남편에게 전가했고, 그가 내 삶을 책임
져주기를 바랐다. 그 안에 '나'는 없었다. 그래서 남편이 없는 그 한
달이 죽을 만큼 힘들었다. 너와 내가 만나 가족이라는 이름으로 모
든 것을 함께해야 한다는 생각은 위험한 일이다. 나 스스로 남편에
게서 온전히 독립하지 못하면 집착과 구속으로 서로를 힘들게 할 수

있을 거라는 사실을 깨달았다.

'독박 육아'에 지친 아내 눈치를 보며 왠지 모를 미안함과 죄책감 속에서 살아야 하는 남자로 만들고 싶지 않았다. 나는 나대로, 남편은 남편대로 억울하다고 외쳤다. 그 틈을 비집고 행복이 자라기엔 턱없이 부족했다. 아이를 잘 키워보겠다고 휴직을 했는데 눈물로 아이를 마주한다면 그보다 바보 같은 짓이 또 있을까? 그럴 거면 일터로 나가는 게 현명한 처사다. 아이가 행복하려면 엄마가 행복해야 하고, 엄마가 행복하려면 그 행복을 외부에서 찾으면 안 된다. 남편 때문에 내 감정이 널뛰기한다면 그걸 보는 아이도 불안할 터. 결혼이란 원래의 '나'를 잃지 않는 것이다. 손목이 시리도록 추운 1월의 밤, 베란다에서 지난날의 '나'를 버리고, 새롭게 나를 만났다.

한 달이라는 시간이 지나 남편이 돌아왔다. 샤워하는 사이 따뜻한 우유를 데워 식탁에 올려두었다. 그간의 일들을 숨기지 않고, 그렇다고 과장하지도 않고 담담히 전했다.

"나는 내 마음을 털어놓을 수 있는 사람이 당신이었으면 좋겠어. 내가 힘들다고 이야기할 때 뭔가를 해결하려고 애쓰지 않아도 돼. 나는 말하는 것만으로도 위로가 되고 속이 후련하거든. 근데 당신이 내 이야기를 건성으로 듣거나 귀찮아하면 화가 나. 그리고 입을 다물어야겠다고 혼자 다짐을 하지. 침묵하지 않도록 도와줘. 은찬이랑 온종일 있다 보면 가끔 벽보고 이야기하는 나를 발견하곤 해. 정신 나간 사람처럼 내가 지금 뭐 하고 있는 건지 허무할 때가 있어. 말 못하는 아이와 하루 스물네 시간을 함께한다는 건 지독하게 외로운 일이라는 걸 아이를 키우면서 알게 됐어. 내가 미치지 않게 도와줘. 퇴근하고 집에 오면 당신도 피곤하고 힘들겠지만, 내 하루를 궁금해하고 물어봐줬으면 좋겠어. 당신의 하루를 들려주면 더 좋고. 이제 더이상 엄마라는 이름으로 내 삶을 희생한다고 생각하지 않을 거야. 희생이라고 생각한 순간 나는 보상을 받고 싶어질 거고, 당신과 은찬이에게 집착하는 미저리가 되어버릴 테니까. 대신 나도 나만의 시간을 가질 수 있게 일주일에 딱 하루는 당신이 은찬이를 맡아줘. 좋아하는 커피도 마시고, 영화도 보고, 친구도 만나고 싶어. 아직은 어려서 처음엔 두세 시간밖에 안 되겠지만 차츰 늘려나갈 거야. 자기도 은찬이와 둘만의 시간이 필요한 거 같아. 내가 다 알아서 하겠지라고 미루지 말고 아이와 온전히 만나며 나의 시간들을 생각해봤으면 좋겠어."

"뭔가 큰 깨달음을 얻은 거야? 엄청 혼날까 봐 쫄아서 왔는데 뭐야? 혼자 결론 내린거?"

"혹시 다른 생각이 있으면 지금 얘기혀. 나중에 딴소리하기 없기다."

"당연하지. 근데 당신 나가 있을 때 은찬이 울다가 숨넘어가면 어떡하지?"

"자기가 불안해하면 아이도 알아. 스스로를 믿어봐. 처음엔 십 분 이내로 올 수 있는 곳으로 갈게."

"콜!"

30년 동안 서로 다른 환경에서 다른 삶을 살았다. 똑같은 상황에서 남편과 내 입장은 하늘과 땅 차이였다. 우리가 상식이라고 믿는 그 모든 것이 관계를 흔들었다. '나는 온종일 애 보는데 퇴근하면 이 정도는 해야지. 진짜 너무하는 거 아냐?'라고 생각하는 순간 남편이 미워진다.

있는 그대로의 모습 인정해주기. 이게 참 어렵다. 가족이라는 이름으로 희생을 강요하지 않고 각자 또 함께 인생을 살아갈 때 비로소 행복이 온다고 믿는다. 자신이 지닌 고유한 색을 지켜주고, 하루를 마무리하는 시점에 마주 앉아 서로의 이야기를 들어주는 사이. 그런 부부가 되고 싶다고 말했다.

어느 한쪽의 희생으로 만들어진 탑은 결국 무너진다. 무너지고 나서 서로를 탓하다가 상처받고 돌아서기 전에 나는 나를 지키기로 했다. 내 아이는 나의 꼼꼼함과 아빠의 추진력 모두를 닮았으면 좋겠다. 우리 둘의 모습이 순간순간 묻어나는 아이와 마주하고 싶다.

힘들어하는 아내를 위해 짐을 대신 들어주는 남편이 아닌, 스스로 짐을 들 수 있게 도와주는 남편. 그게 내가 바라는 진짜 남편의 역할이다. 허들을 없애면 다시 허들이 나타났을 때 포기한다. 넘어졌을 때 내 뒤에 나를 믿어주는 누군가가 있다는 사실만으로도 불가능한 도전을 계속할 수 있다.

행복은 진정한 소통에서 시작된다. 아이를 키우며 겪게 되는 수많은 이야기를 남편과 오롯이 나눌 수 있다면, 내 삶의 상처를 보듬을 수 있을 것이다. 그게 가족의 힘이다. TV 대신 마주한 남편. 내 편.

처음처럼

: 엄마의 욕심을 내려놓다

눈을 떴다. 익숙하지 않은 고래 무늬 벽지가 보였고, 고개를 돌려 보니 바닥에서 자는 한 남자가 있다. 화장실을 가고 싶은 마음에 일어나려는데 끙, 한 번 하고 다시 머리를 내렸다.

"자기야."

불러도 대답이 없다. 옆에 있는 휴대전화를 들어 전화를 걸었다. 볼을 타고 흐른 침을 황급히 닦으며 휴대전화를 한 번 보더니 나를 보며 말한다.

"왜? 왜 전화했어?"

"전화부터 꺼요."

11시간의 진통 끝에 끝내 내려오지 않던 아이가 배 속에서 똥을

싸는 바람에 긴급으로 제왕절개 수술을 했다. 보호자를 찾던 간호사를 바라보다 의식을 잃었고 아이가 태어나던 순간을 기억하지 못했다. 처음으로 내 배를 가르고 나온 아이. 태어나서 처음 수술이라는 것을 했다.

2012년 10월 29일. 3.7킬로그램의 작은 사내아이가 우리에게 왔다. 그 아이를 보며 나직이 속삭였다.

"건강하게만 자라줘."

배냇짓
뒤집기 성공
이유식 시작
기어 다니기
물건 잡고 서기
첫걸음마
10까지 세기

곰 세 마리 완창

처음 비행기 탑승

안 울고 등원

소변 가리기

젓가락 사용

혼자 옷 입기

생애 첫 파마

첫 눈썰매

아이가 태어나는 순간 아이 이름으로 통장을 만들었다. 아이에게 특별한 이벤트가 생길 때마다 그날을 기록하기 위해 2만 원씩 계좌 이체를 했다. 최대 7자까지 쓸 수 있는 이체 메모를 보며 참 좋은 아이디어라며 신나했다. 아이가 컸을 때 짠, 하고 내어줄 작정이었다.

처음 고개를 가누고 뒤집기를 했을 때도, 이유식을 시작하고 첫걸음마를 떼던 감격의 순간에도 흔들리지 않았다. '처음'이라는 단어들로 통장을 가득 메울 때까지는 몰랐다, 내가 변할 거라는 사실을.

은찬이 네 살 된 해 여름, 지역 맘카페에서 유치원 정보를 끌어모았다. 개인적인 쪽지와 메일을 보내며 비밀스러운 대화를 나누기도 했지만, 엄마들 평이 극과 극이어서 종잡을 수가 없었다. 누구 말이 진실인지, 진실이 있긴 한 건지 의심스러웠다. 교감 선생님 눈치를 봐가며 점심시간에 잠깐 외출하거나 조퇴하여 동네 모든 유치원 입학설명회를 가고, 개별 상담까지 신청했다. 지금 생각해보면 참 유별난 엄마였다(다행히 지금은 아니지만). 마음에 둔 유치원이 있었지만, 추첨에 떨어질 것을 대비하는 마음으로 여기저기 알아보느라 발바닥에 땀이 나도록 돌아다녔다. 경쟁률 58:1의 단설유치원을 시작으로 줄줄이 떨어졌다. 내로라하는 유치원 세 곳 중 하나만이라도 되기를 간절히 기도했는데 모두 꽝이었다. 왜 이리 뽑기 운이 없는 건지, 내 손이 원망스러웠다. 2016년 2월 22일, 대기 순번으로 기다리던 유치원에서 연락이 온 날, 그날 이후 나는 초심을 잃었다.

통장의 글귀는 아이의 성장을 기록하는 대신 '외할미용돈, 5살 세뱃돈' 등 돈으로 채워졌다. 1년에 서너 번 정도 기록했는데 이젠 그마저도 뜸해졌다. 건강하게만 자라길 바라던 처음 그 마음이 흔들리기 시작했다. 처음 내 품에 아이를 안았을 때 느꼈던 벅찬 감동은 어느새 시들해졌고, 나 역시 여느 부모처럼 중심을 잡지 못하고 바람 앞의 등불처럼 흔들렸다.

'한글을 빨리 깨쳐야 읽기 독립할 텐데⋯⋯.'

'좋은 초등학교가 어디더라? 그 동네로 이사해야 하나?'

'요즘은 초등학교 때부터 영재고 코스를 밟는다는데⋯⋯.'

예쁘게 닦아놓은 접시 위에 먼지가 앉았다. 쌓이는 소리조차 들리지 않아 몰랐다. 하나둘 쌓인 먼지는 접시 본연의 빛을 가리고, 기억

속에서 잊혀갔다. 아이가 커감에 따라 욕심과 기대의 크기가 함께 커갔다.

점심 먹고 오후의 나른함에 기지개 한 번 펴고, 컴퓨터 앞에 앉았다. 처리할 공문의 개수를 보며 믹스커피 한 모금을 마셨다. 책상 위에서 진동이 느껴졌다. 스마트폰 화면에 '○○유치원'이라는 글씨를 본 순간 심장이 빠르게 뛰었다.

"어머님, 은찬이가 친구랑 놀이하다가 다쳤는데, 안과에 가봐야 할 거 같아요."

전화를 받자마자 다급한 목소리가 들려왔다. 가슴이 철렁했지만 다른 생각을 할 겨를이 없었다. 가방을 챙기며 옆자리 동료에게 뒷일을 부탁하고 유치원으로 내달렸다.

나를 본 아이가 와락 안겼다. 그저 그 시간에 엄마가 유치원에 왔다는 사실이 마냥 좋은가 보다. 왜 다쳤는지 이유를 묻지 않고 아이를 안아 차에 태웠다. 병원으로 향하는 10분 남짓한 시간이 왜 이리 길게 느껴지는지 신호대기를 한 채 스마트폰 화면을 껐다 켰다를 반복했다.

"검사해봐야 알겠지만, 동공을 다쳤을 경우 실명의 위험도 배제할 수 없습니다."

의사는 최악의 상황을 말했고, 나는 울었다.

'괜찮을 거야. 괜찮을 거야.'

속으로 되뇌며 아이 손을 꼭 잡고 검사 결과를 기다렸다. 다행히 각막 출혈이라는 해피엔딩으로 마무리되었지만, 초심을 잃어가던 엄마에게 아이는 다시 한 번 기회를 주었다. 진료실 밖으로 나온 뒤 의자에 털썩 주저앉은 나를 향해 아이가 말했다.

"엄마, 정신 차려요!"

위기의 순간 나는 다시 먼지를 닦아내고 가장 중요한 마음 하나를 찾아냈다. 아이 통장에 두 번 나눠 이체를 했다.

'건강하게만'
'자라다오'

부모라는 이름으로 드리워진 욕망과 욕심이 끝이 없다. 내 욕망을 아이에게 투영시켜 아이의 삶이 힘겹게 하지는 않으리라 다짐했다. 시간이 흘러 또 지금의 마음을 잊겠지만, 정신 차리는 순간 나는 다시 두 번의 이체를 할 것이다. 매 순간 내 정신을 붙들어 처음으로 가져다놓는 것이 쉽지는 않겠지만, 그런 게 인생이지만 적어도 잃어버리지는 않으리라.

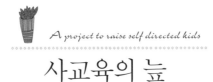

A project to raise self directed kids

사교육의 늪
: 아이만의 무대를 만들다

"자기야, 은지 언니는 사교육비로 한 달에 백만 원을 쓴대."

"애가 몇 살인데?"

"일곱 살, 다섯 살 두 명이야. 사고력 논술, 놀이수학, 영어학원, 한글·한자 방문학습지…… 또 뭐였더라?"

"뭘 그렇게 많이 해?"

"많이 하는 거 아니래. 정말 최소한의 것만 하는 거래. 애가 둘이어서 하고 싶어도 더 못 하는 거라고 그러더라. 형부가 많이 벌면 더 시켰을 거래. 다른 애들에 비해 못 해줘서 미안하다고, 애가 하나면 다 시키고 싶다고 그러더라."

"이 얘기 듣고 자기는 무슨 생각이 드는데?"

"불쌍하다는 생각!"

"자기는 한방이(아이 태명) 낳으면 안 그럴 거 같아?"

"당연하지. 아니 그게 뭔 짓이야. 그 애들은 무슨 죄야. 중고등학교 가면 하지 말라고 해도 공부하느라 스트레스받을 건데, 굳이 그 어린 애들을 온종일 학원 뺑뺑이 돌려야 할 이유가 있을까? 나는 안 그럴 거야. 절대로! 내가 어려서 언니가 말하는 거 듣고 있긴 했는데 나는 그건 아니라고 말해주고 싶었어. 근데 사람마다 교육관이 다른 거니까 입 다물었지."

"자기도 어쩔 수 없는 엄마일걸? 두고 봐. 한방이 크면 그때 가서 얘기해. 분명히 화장실 갈 때 마음하고 나올 때 마음이 다를 거야. 내가 장담한다. 장담해."

육아는 현실이다. 이상이 아니다. 나는 우아하게 내 길을 갈 수 있을 거라 착각하고 살았다. 다시 말하지만 착각이었다. 인정하고 싶지는 않지만, 신혼 초 나는 현실을 모르는 철부지였다. 사교육에 휘둘리지 않고 소신 있게 키우겠노라 목에 핏대 세우며 말하는 이상론자였다. 경험해보지 않고서 그들을 비난했다.

어느덧 여덟 살이 되어 초등학교에 갓 입학한 내 아이. 독고다이 마이웨이! 이것보다 힘든 게 또 있을까? 남들 다 한다는데 하나라도 더 가르치겠다고 난리인 세상에 나라고 안 흔들릴까? 안 흔들리면 그게 더 이상한 거 아닐까? 호언장담하던 정경미는 사라지고 흔들리는 극성 학부모가 그 자리를 대신했다.

"모두가 '예' 할 때 '아니오'라고 말할 수 있는 사람. 그 사람이 좋습니다."

"모두가 '아니오' 할 때 '예' 할 수 있는 사람, 그 사람이 좋습니다."

아주 오래전 TV 광고에 나온 문구다. 나는 이 광고를 보며 잘못 만든 광고라고 결론 내렸다. '남들 다 맞다는데 왜 지만 아니래? 아니라고 하는 놈이 미친놈 아냐?'라고 생각했다. 일반적인 생각에 반기를 든다는 것, 그것 자체만으로도 우리는 공격을 받고 외로운 싸움을 이어나가야 한다.

나는 어떤가? 나 역시 흔들렸다. 옆집 엄마의 말에 자꾸 팔랑귀가 움직였다.

'수학 연산하는 거 아니고, 놀면서 배우는 교구 수학이면 사교육 아니지. 노는 거라잖아.'

'한글 안 떼고 초등학교 보내면 선생님이 뭐라고 생각하겠어.'

'애가 축구하고 싶다고 그렇게 애원하는데 나라고 별수 있어? 시켜야지.'

머리와 마음이 따로 놀았다.

머리로는 '창의적인 아이로 크려면 놀아야지. 애들은 멍때리는 시간이 필요하다고! 그래, 지금 놀아야지 언제 놀겠어'라고 생각했다. 하지만 마음으로는 '맨날 이렇게 놀다가 평생 쭉 놀면 어떡하지? 우리 아이만 뒤처지면 어쩌지?' 하는 생각이 나를 잠식해갔다.

나에게도 결정적인 한 방이 찾아왔다. 아이가 다섯 살 되던 해 겨울이었다. 평소 친하게 지내는 엄마에게서 다급하게 전화가 왔다.

"은찬 엄마, 나 오늘 회사에서 급한 일이 생겨서 그러는데 부탁 하나만 해도 될까요? 우리 주훈이 태권도 학원만 좀 데려다줄 수 있을까요?"

"알겠어요. 걱정 말고 일 봐요."

아이 하원하는 길에 주훈이도 챙겨서 태권도 학원으로 갔다. 2층에 위치한 학원에 가기 위해 앞서거니 뒤서거니 하는데 주훈이가 계단 아래 붙어 있는 광고 문구를 아주 편안하게 읽으며 올라가는 것 아닌가. 망치로 머리를 한 대 맞은 기분이었다.

'은찬이는 아직 단어도 제대로 못 읽는데 주훈이는 문장을 읽네.'

남들과 비교하지 않겠다는 나의 다짐 따위는 어느새 사라졌다. 속상했다. 조금 더 솔직하게 말하자면 자존심이 상했다.

'나도 남편도 멍청한 머리는 아닌데, 왜 은찬이는 한글 읽기가 느린 거지?'

생일이 늦어서 그런 거라고 아무리 합리화를 해봐도 비겁한 변명이었다.

신념은 와르르 무너졌다. 머릿속은 온통 한글로 가득 찼다. 이전의 나는 한글을 빨리 떼면 오히려 그림책을 볼 때 상상을 방해할 거라고 생각했다. 인지적인 것보다는 창의성에 초점을 맞추고 한글에 큰 방점을 찍지 않았다. 그저 시간이 허락할 때 책을 많이 읽어주면 자연스럽게 한글 떼기가 가능할 거라고 믿었다. 초등학교 입학 전후인 7세가 적기라 생각하며 천천히 느긋하게 아이가 글자에 호기심을 가질 때까지 기다리자고 부부가 입을 모았다. 그런데 주훈이가 한글을 주르륵 읽는 걸 보고 눈이 뒤집혔다. 한글 학습지를 알아보고, 인터넷 맘카페를 샅샅이 뒤지고, 내로라하는 육아서를 읽으며 한글 떼기 사례를 모두 모아 내 아이에게 들이밀었다. 아이는 거부했고 일주일 정도 사투가 벌어졌다. 선생님의 탈을 쓴 엄마가 자신을 몰아붙이자 아이는 급기야 "엄마 미워! 엄마 이상해!"를 외쳤다. 하지만 나는 목표가 생기고 욕심이 생기자, 아이의 말이 들리지 않았다. 아이의 절규를 무시했다.

낱말 카드를 만든다고 두 눈이 뻘게질 때까지 컴퓨터로 작업했다. 프린트해서 코팅까지 마무리하고, 온 집 안에 빨간 딱지마냥 다닥다닥 붙였다. 눈만 마주치면 글씨를 한 손으로 가리키며 읽고 따라 해보라고 강요했다. 카드 찾아오기 게임하자고 꼬드기기도 했다. 하지만 다섯 살 아이는 엄마의 속셈을 알아차릴 정도로 커 있었다. 순수하지 못한 엄마의 제안은 아이에게 '재미'를 선사하지 못했고, 결국 한글 공부는 실패했다. 얼마나 숨이 막혔을까. 지금 생각해도 얼굴이 화끈거린다. 엄마의 눈물 나는 노력을 일관성 있게 거부한 아들 덕분에 나는 스스로 깨졌다. 정확히 한 달 만에 나는 모든 빨간 딱지를 거두어들였다.

미친 듯이 달린 후 잠시 멈추고, 생각했다. 스스로 나에게 질문하기 시작했다.

'왜 그랬을까? 내가 결국 원하는 건 뭘까?'

'아이를 위한다는 가면 뒤에 숨어 내 욕심을 채우려 한 건 아닐까?'

'내 아이가 남들보다 뛰어나야 한다고 생각한 건 아닐까?'

주훈이가 다섯 살에 한글을 뗐다고 내 아이도 다섯 살에 해야 하는 건 아니다. 아이마다 저마다의 속도가 있는 법, 그걸 간과한 것이다. 이 일을 겪고 나니 내 확고한 신념이 필요했다. 내 아이의 교육철학(?)이라는 거창한 말이 아니더라도 흔들릴 때 나를 다잡아줄 나만의 기준이 필요했다.

내 아이가 살아갈 세상은 어떤 세상일까? 내 아이는 어떤 능력을 키워야 할까?

4차 산업혁명의 시대, 로봇으로 대체될 수 없는 사람이 되어야 한다고 말한다. 미래를 살아야 할 아이에게 내 시대의 성공방정식을 대입하며 아이를 닦달하고 있는 건 아닐까. 묻고 또 물었다. 엄마가 육아를 주도하고 아이에게 길을 안내해야 한다는 생각이 문제였다. 내가 잘못해서 아이의 삶이 잘못되지 않을까 하는 생각이 두려움이라는 이름으로 나를 괴롭혔다.

아이의 삶은 내 것이 아님을 인정하고 내려놓아야 한다. 아이의 삶을 내 손으로 써야 한다는 오만과 편견을 내려놓아야 한다. 무언가를 해줄 때보다 내려놓는 것이 훨씬 더 고통스러웠다. '내려놓는 것'은 '포기'가 아니다. 주도권을 아이에게 넘겨주는 것이다. 나는 그저아이의 뒤에서 아이의 모습을 지켜보기로 했다. 무관심이 아닌 한 발짝 뒤에 서서 바라봐주는 것, 그게 엄마인 내가 할 일이었다.

생각이 꼬리에 꼬리를 물고 이어지자 답을 찾기 위해 스케치북에 내 생각을 정리했다. 쓰다가 틀려서 부욱 뜯어 바닥에 버려뒀는데 아이가 조용하다. 무심결에 뒤를 보니 녀석이 뭔가를 적고 있는 게 아닌가. 한글 쓰기를 하자고 할 때는 죽어라 도망치더니 펜 들고 내가 쓴 글씨를 적고 있었다. 쓴다기보다 그리고 있었다고 말하는 게 더 정확하겠다.

멈췄다. 답 나왔다.

'그냥 보여주면 되는 것이다!'

결국 아이는 '부모인 나'를 통해 배울 것이다.

엄마가 주인공인 무대 말고, 아이 스스로 선택하고 계획하고 주도

하는 무대를 만들어주는 게 내가 할 일이었다. 그리고 무심한 척 기다려주면 되는 것이다. 답은 멀리 있지 않았다. 다만 내가 보려고 하지 않았을 뿐이다.

건강한 놀이

: 위험한 것이 위험하지 않다

"엄마, 아빠, 여기 지나가면 다시 못 오죠?"

"그렇지."

"우리 여기서 놀다가 가요. 네? 제발요."

은찬이가 나를 보며 말했다.

14시간의 비행 끝에 크로아티아 자그레브 공항에 도착했다. 한국에서 아이 가방을 리무진버스에 두고 내렸고, 공항에선 체크카드로 쿠나(크로아티아 돈)를 출금하는 게 되지 않아 두 시간이나 지체했다. 렌터카를 타고 이제 고작 15분 달렸을 뿐이다. 등받이를 살짝 뒤로 젖히고 창문을 열었다. 낯선 공기가 콧속으로 들어왔다.

"우와! 시작이다!"

나도 모르게 소리를 질렀다. 커피를 좋아하는 나를 위해 남편은 차를 멈췄다. 이번엔 아이가 걸음을 멈췄다. 자그마한 미끄럼틀 달랑 하나, 그 아래에서 자갈을 통에 담는 은찬이보다 더 작은 여자아이가 앉아 있었다.

미용실에서 파마를 하다가 잡지에서 본 사진 한 장……. 스마트폰을 꺼내 사진을 찍었다. 에메랄드빛 호수와 끝없이 이어진 나무다리를 보며 막연히 가보고 싶다는 생각을 했다. 집에 와서 찾아보니 영화 〈아바타〉 촬영지였다. 오랫동안 이곳은 내 여행 버킷리스트 상위에 위치해 있었다. 마음은 이미 플리트비체를 거닐고 있었다. 그리고 커피를 사려고 잠시 들른 곳에서 의도치 않은 복병을 만났다. 놀이터에서 미끄럼틀을 타는 것도 아니었다. 여자아이가 자갈을 통에 넣었다 뺐다 하는 모습만 물끄러미 바라보았다. 그곳에서 우리는 한시간을 머물렀다.

여행하는 내내 놀이터는 필수 코스가 되었다. 유럽의 놀이터는 대부분 바닥에 나무 조각이 깔려 있었고 한쪽에 흙놀이 공간이 있었다. 구역마다 자리한 놀이터들은 저마다 달랐다. 다르다는 것은 새롭다는 것이고, 아이가 다시 멈춘다는 것을 의미했다.

놀이터 안의 부모들은 참 편안했다. 한 아이 엄마는 흙바닥에 아이를 눕히고 기저귀를 갈아주었다. 분홍색 프릴 달린 치마를 입은 여자아이가 질퍽한 땅 위에 아무 거리낌 없이 앉았다. 아이들은 물을 섞어 반죽하고 진흙놀이를 하며 웃었다. 신발을 벗고 맨발로 거칠게 깎인 나무 조각 위를 걸어 다녔다. 바닥을 데구루루 구르다가 하늘을 보며 까르르 웃었다. 미끄럼틀 아래서 거꾸로 올라가다 매달렸다. 그 누구도 제지하거나 위험하다고 말하지 않았다. 엄마들이 휴대전화를 보고 있느라 모르는 게 아니었다. 중간중간 한 번씩 쳐다보기만 할 뿐 개입하지 않았다.

"헬로."

비슷한 또래인 듯한 엄마가 말을 걸어왔다.

영어에 서툰 나는 한 발짝 물러섰지만, 다행히 남편이 중간에서 도와줬다. 나는 그간의 궁금증을 쏟아냈다.

"아이들이 다치지 않을까요?"

"왜 다친다고 생각하죠?"

"바닥에 깔린 나무가 거칠어서 찔릴 것 같아요. 미끄럼틀과 미끄럼틀을 연결하는 다리는 폭이 너무 좁고, 게다가 높기까지 한걸요."

"아이들은 위험하기 때문에 더 조심해요. 사고는 안전하다고 생각할 때 나는 거죠. 마음을 놓는 순간, 아차 하는 순간 일어나거든요."

"보고 있는 제가 다 불안해요. 만약 떨어지기라도 한다면 그다음은 생각하고 싶지도 않아요."

"놀이터에서 떨어져 죽었다는 아이는 한 번도 본 적이 없어요. 하하. 뉴스에서조차도 말이에요."

80

"물론 그렇죠. 하지만 다치지 않는다는 보장은 없잖아요."

"아이가 다친다면 그건 박수 칠 일이에요. 그다음부턴 더 조심할 테니까요."

"이해가 되질 않아요. 제가 유난스러운 엄마일까요?"

"놀이터는 아이들에게 '놀이'가 아닌 '위험'을 경험하게 하려고 존재하는 거예요. 위험하지 않은 놀이터는 매력이 없죠. 그 안에서 자신의 능력을 키우는 거라고 생각해요. 어제보다 조금 더 높은 곳에 올라간 아이는 세상에서 가장 행복한 표정으로 집에 돌아갈 거예요. 작은 위험이 무서워서 도전하지 않으면 평생 아이는 두려움에 갇혀버릴 거예요."

"아! 자기야."

"어?"

"저기……."

이야기하던 중 은찬이가 처음으로 흙놀이터에 들어갔다. 언제 들어갔는지는 보지 못했지만, 아이가 웃고 있었다. 나도 웃고 남편도

웃었다. 여행을 시작한 지 26일 만이었다.

수많은 놀이터를 지나오면서 은찬이는 그때마다 하염없이 보기만 했다. 눈치를 보다 고작 낮은 미끄럼틀을 타보는 게 전부였다. 그런 시간이 반복되자 바라보는 내가 힘들었다. 내 아이지만 답답했다. '그럴 거면 뭐 하러 왔어?'라는 말이 목구멍까지 차올랐다. 무려 26일 동안 서로 눈치를 보고 있었던 것이다.

눈물이 툭 손등에 떨어졌다. 자신의 벽을 깨고 밖으로 나온 아이가 고마웠다. 고마워서 눈물이 났다. 어쩌면 미안함일지도 몰랐다.

유럽에 와 있는 동안 나는 당연하다고 생각했던 것이 당연하지 않다는 사실을 알게 되었다. 아이가 망설였던 것은 순전히 내 책임이었다. 놀이터에 갈 때마다 행여 다칠세라 종종거리며 따라다닌 내 모습이 떠올랐다.

"그네 돌리지 말아요."

“엎드려서 타면 위험해. 머리 콩 찐다.”

“거기 올라가면 안 돼요.”

온통 안 된다는 말로만 가득 채웠다. 은찬이가 접해본 놀이터는 '위험한 곳'이었다. 은찬이가 들어가지 않는 것은 어쩌면 당연한 결과였을지도 모른다. 내 잘못이다.

한참 놀다가 숙소로 돌아가는 길에 물었다.

“은찬아, 아까 놀이터에서 놀아보니 어땠어?”

“엄마, 옷 더러워져서 미안해요.”

뒤통수를 한 대 세게 얻어맞은 느낌이었다. 행여 옷이 더럽혀질까 봐, 그래서 엄마가 싫어할까 봐 아이는 들어가지 않은 것이었다. 아이를 안아주었다. 아이 옷의 진흙이 내 옷에도 묻었다.

“옷이 더러워질까 봐 걱정했구나. 옷은 빨면 되지! 항상 여벌 옷도 가지고 다닐게. 혹시 너무 더러워져서 차에 타지 못할 정도가 되면 갈아입자. 갈아입을지 말지도 은찬이가 선택해. 알겠지?"

"엄마, 아까 나 진짜 재미있었어요. 봤어요? 아까 조그만 통에 물을 담고 줄을 잡아당기면 통이 미끄럼틀 위로 올라가요. 그럼 친구들이 위에서 물을 쏴 하고 쏟아줘요. 왜 우리나라는 이런 게 놀이터에 없을까요? 있으면 대박인데."

"그럼 은찬이가 우리나라에 가서 이런 놀이터 만들어줄래?"

"우리 내일 또 와요. 난 여기가 마음에 들어요. 사진도 찍어줄 수 있어요? 그래야 내가 안 까먹죠."

"그래! 내일 또 오자."

깨끗한 것이 완벽한 것은 아니다. 깨끗할수록 쉽게 더러워진다는 걸 왜 난 몰랐을까. 이유식을 할 때가 떠올랐다. 오늘 아이가 흙놀이터 입성에 성공한 것도 엄마가 이야기하느라 관심을 두지 않았기 때문이었으리라. 엄마의 시선에서 자유로워진 아이는 용기를 내어 세상 속으로 들어갔다.

안전하게 자란 아이는 더 위험하다. 온실 속의 화초는 비닐을 걷어내면 죽는다. 애초에 비닐을 드리우면 안 되는 거였다. 더 이상 '보호'라는 이름 아래 아이를 가두지 않겠다고 다짐했다. 건강한 위험에 노출시키자!

Chapter 2

말교육으로 본능, 가정, 사회를 깨우치다

A project to raise self directed kids

먹고

: 엄마도 아이도 행복해지는 식사 시간

일곱 살 아이의 생일날이었다. 근사한 레스토랑에 가서 아이가 좋아하는 시금치 피자와 새우 라이스를 주문하고 기다리던 중 아이가 물었다.

"엄마, 왜 여기 있는 아이들은 핸드폰을 보고 있을까요?"

다분히 의도적인 말로 들렸다. 스마트폰을 보고 싶다는 말을 우회적으로 표현한 거라 지레짐작했지만 그건 내 생각일 뿐이다. 정말 모르겠다는 표정과 말투로 아이에게 반문했다.

"왜 친구들이 핸드폰을 보고 있을까? 은찬이 생각은 어때?"

"제 생각에는요. 밥을 안 먹어서 그런 거 같아요."

"그럴 수도 있지."

"아니다. 어른들끼리만 말하고 싶어서 보여준 거 아닐까요?"

"아, 그렇게 생각할 수도 있겠네. 어른들만 해야 하는 이야기가 따로 있을까?"

"아니요. 그건 아니죠. 그런데 저는 커서 다 알아듣지만 다른 아이들은 이해를 못 할 수도 있잖아요."

"아주 어린 아이들은 그럴 수 있지. 은찬이는 핸드폰 보는 아이들이 부럽니? 은찬이도 보고 싶어?"

"저는 엄마랑 이야기하는 게 더 좋아요. 그리고 어차피 안 보여줄 거잖아요."

"엄마가 핸드폰을 보여주지 않는 이유가 뭘까?"

"음…… 핸드폰을 한 번 보면 멈출 수 없어서 계속 보게 되고, 눈도 나빠져요."

"또?"

"내가 핸드폰만 보느라 엄마를 안 보면 엄마가 속상해요."

"하하. 또?"

"모르겠어요. 그런데 엄마, 재미있긴 해요."

아이다운 대답이다. 결국 아이는 스마트폰을 보고 싶다는 말을 하고 있었다. 하지만 아이가 원한다고 해서 모두 들어줄 수는 없다. 식사 시간이 구걸 시간이 되어버릴 테니까.

하루 세 번, 아이와 씨름할 체력이 내겐 남아 있지 않았다. 어렵지

만 습관을 만들어주기로 결심했고, 초반에는 예외를 두지 않았다. 내 편의대로 손님이 왔을 때나 외식할 때 남의 눈치를 보느라 입막음용으로 현실과 타협하면 아이는 그 틈을 비집고 들어와 쌓아둔 성을 무너뜨릴 것이다. 내가 그 꼴은 못 보지!

"언니, 은찬이는 어쩜 이리 순해요?"

"핸드폰을 안 보여주고 밥 먹이는 게 가능해?"

"우는데 어떡해. 나도 힘들어서 그래. 은찬이는 떼 안 부려서 좋겠다."

은찬이는 하이체어에 잘 앉아 있는 편이다. 실제로 돌 전에도 두세 시간은 앉아 있었다. 지인들은 그저 은찬이가 먹는 걸 좋아하고 원래 성격이 순해서 그럴 거라고 생각했다. 잘 몰라서 하는 말이다. 아이가 15킬로그램에 육박했을 때도 나는 아이를 아기띠하고 안아줬던 사람이다. 등 센서가 예민해서 아기띠를 한 채로 무릎 꿇고 소파에 머리 박고 잠든 적도 있다. 늘 엄마 바짓가랑이 붙잡고 아무것도 못 하게 하는 아이였다. 이렇게 대책 없이 힘든 아이였지만, 식사 시간만큼은 예외를 두지 않았다.

아이와의 식사 전쟁은 4개월 때부터 시작했다. 먹이기 위해 애쓴 것은 아니고 앉아 있는 연습을 위해 인내의 시간을 견뎠다. 백일 때 상차림하고 사진 찍는다고 범보의자를 샀다. 그 후 범보의자에 1분씩 앉는 연습을 했다. 1분씩 3회, 5회 등으로 점점 시간을 늘려갔다. 한꺼번에 욕심내지 않았다. 범보의자는 놀이할 때만 사용했고, 초기 이유식을 시작했을 때부터 하이체어를 사용했다. 간식을 포함한 모든 음식은 식탁에 앉아서 먹도록 했다.

"음식은 식탁에 앉아서 먹는 거야."

내가 지킨 가장 큰 원칙은 이거 하나다. 이유식을 시작한 순간부터 음식을 먹기 전엔 항상 이렇게 말했다, 반복해서.

간식은 작은 상을 펴서 거실에 놓아주고, 밥은 하이체어에 앉혀 식탁에서 먹게 하면 아이가 혼란스러워한다. 바닥이 아이에겐 더 편하다. 돌아다닐 수도 있고 곳곳에서 장난감을 가져올 수도 있으니 천국이 따로 없다. 한 번 그 맛을 본 아이는 더 이상 하이체어에 갇혀(?) 있는 것을 원하지 않는다. 거실에 음식을 두고 식사 예절을 가르치다가는 속에서 천불이 날지도 모른다. 천진난만하게 돌아다니는 아이를 보며 엄마는 인내심의 한계를 느끼다 결국 '내 아이는 안 되는구나!' 하며 포기하게 될 것이다.

습관이 형성되기 전까지 되도록 식당도 의자가 있는 곳을 선택했다. 어른들과의 식사는 대부분 한식이 많아서 방으로 간 적이 많았는데 그때도 유아용 부스터에 앉혔다. 내가 외출을 감행한 것도 아이가 최소한 두 시간은 하이체어에 앉아 있는 게 가능해졌을 무렵부터다. 남의 시선이 많아지면 소신이 흔들린다. 제어가 안 되는 아이를 달래기 위해 엄마는 대원칙을 스스로 깰 것이다. 그 시간이 길 것 같지만 그리 오래 걸리지 않는다. 아이를 훈육하는 시간은 엄마의 확신이 있으면 가능하다. 늦은 때란 없다. 전 국민의 육아 해결사였던 〈우리 아이가 달라졌어요〉라는 프로그램만 봐도 전문가가 이야기해준다.

식사하다가 아이가 울거나 떼쓴다고 장난감을 쥐어주지 않았다. 밥 먹지 않고 딴짓한다고 잔소리를 하는 상황이 연출될 것이 뻔했다. 장난감 대신 숟가락을 쥐어주었다. 아이가 어릴 땐 색깔별로 촉감별로 다른 숟가락을 여러 개 사두고 번갈아 가며 주었다. 숟가락을 주니 아이는 근육이 덜 발달한 손으로 음식 먹는 일에 집중했고, 그렇게 한참을 앉아 있었다.

숟가락 대용으로 사용한 것은 자연 그대로의 재료였다. 오이나 당근을 손으로 쥐고 먹을 수 있는 크기로 잘라서 주었다(대신 과일은 식후에 주었다. 과일의 단맛이 밥맛을 막아버려 먹지 않으므로). 고추를 준 적도 있다. 고추를 싫어할 거라는 생각은 어른들의 선입견이었다. 큼지막

한 오이고추를 쥐어주었는데 아이가 먹는 게 아닌가. 은찬이는 지금도 고추를 된장에 찍어 먹는데, 유치원 시절 소풍 도시락에 싸달라고 말하기도 했다. 음식에 대한 편견이 생기기 전에 나는 최대한 많은 재료를 접하게 했다.

이유식을 직접 해서 먹이는 것에는 많은 에너지가 필요하다. 사서 먹일 때도 여러 가게를 이용해서 최대한 신메뉴를 많이 맛보게 해주었다. 내가 파프리카를 싫어한다고 맛이 없을 거라 생각하면 아이는 맛볼 기회조차 잃어버린다. 은찬이는 고기를 넣은 이유식보다 채소를 넣은 걸 더 좋아했다. 어린이집 다닐 때 간식으로 나온 당근 스틱을 은찬이만 먹었다고 선생님이 신기해하기도 했다.

먹다가 음식으로 장난을 시작하면 그만 먹겠다는 표시였다. 그땐 먹은 양에 집착하지 않고 물어보았다.

"다 먹으면 초콜릿 줄게"라고 유혹하는 것이 아니라 "다 먹었어? 이제 정리해도 될까?"라고 식사의 끝을 안내했다.

두세 번 정도 물어보고 식탁을 정리했다. 웃으면서 말하는 것이 포인트다.

"너 이거 안 먹으면 간식 안 줄 거야!"라고 협박하는 게 아니라 "밥을 다 먹지 않으면 엄마는 간식을 줄 수가 없어" 하며 최대한 안타까운 표정으로 규칙을 이야기해주었다.

'네가 밥 먹는 게 소원이야. 제발 먹어줘'의 상황이 되면 아이는 밥을 먹을 때마다 무언가를 요구할 것이다. 한두 번이야 아이에게 협상 카드를 내민다고 해도 매일 이렇게 할 수는 없었다. 하루 세 끼를 감당할 자신이 없었다. 먹는 것은 장기전이다. 한두 번으로 끝날 싸움이 아니다. 일상은 타협할 수 없다는 것이 내 개똥철학이다.

다시 서론으로 돌아가서 스마트폰은 아이에게 최고의 장난감이다. 이렇게 강력한 장난감을 쥔 아이는 밥을 먹으면서도 온 신경은 화면을 향해 있다. 먹어도 먹는 게 아니다. 삼키지 않고 입에 물고 있다가 씹지 않고 무의식중에 삼킨다. 맛을 충분히 느낄 수 없다. 이 강력한 물건을 앞에 두고 엄마 아빠의 말이 들릴 리 없다. 들린다면 그게 더 이상한 일이다. 국가대표팀 축구 결승전을 보고 있는 남편이 대답하는 걸 본 적 있는가? 답은 나왔다.

2015년부터 유행하기 시작한 '노키즈존(No-Kids Zone)'은 여전히 뜨거운 감자다. 아이를 이해하지 못한 어른들의 이기심이며 저출산 문제를 가속화시키는 사회 풍토가 문제라는 입장과 통제 불가능한 상황을 견뎌야 하는 대중의 권리를 위해 필요하다는 입장이 팽팽히 맞서고 있다. 노키즈존의 옳고 그름을 따지기 전에 아이의 자유를 인정하고 보호한다는 명목 아래 훈육을 포기하고 있는 건 아닌지 생각해보았다.

공감 육아는 분명 좋은 방법이다. 나 역시 아이의 마음을 읽어주고 이해하려고 노력한다. 다만 타협할 수 없는 중요한 문제에서는 공감 이전에 바른 행동을 제시한다. 갈등 상황을 피하기 위해 대안으로 쉬운 방법을 선택한다면 아이는 해도 되는 일과 안 되는 일을 구분 하지 못할 것이다.

3년 전, 친한 동료인 특수교사의 교실에 갔다. 지적 장애를 앓고 있는 한 아이를 혼내고 있었다. 내가 들어와서 한참을 앉아 있었지만 아랑곳하지 않았다. 앉아 있는 내내 불편한 마음이 들었다. 누가 봐 도 어눌한 말투에 덩치만 컸지 기껏해야 여덟 살 정도의 지적 수준에 머문 아이였다. 듣다 보니 너무한 것 아닌가 하는 생각도 들었다. 혼 나는 이유는 급식 시간에 밥을 먹다가 손에 묻은 김칫국물을 친구 옷에 닦았기 때문이다. 상황이 종료된 후 조심스레 물었다.

"아무리 그래도 너무 무섭게 혼내는 거 아니야? 네가 하는 말 알아 듣지도 못하는 거 같은데, 누가 보면 나쁜 선생님인 줄 알겠어."

그녀가 웃으면서 말했다.

"언니, 세 살 아이도 해서는 안 되는 것과 해도 되는 행동을 배워. 장애아라고 해서 무조건 봐줘야 하고 다 허용해주면 이 아이들은 사 회 속에서 사람들과 함께 살아갈 방법을 터득하지 못해. 진짜 이 아 이들을 사랑하고 아낀다면 그걸 가르쳐줘야 하는 거야. 잠깐 만나는 사람들은 불쌍하니까 그냥 묵인하고 넘어가거든. 여섯 살 수준인 기 태도 특수 학급에서는 눈치 살살 보면서 나 있을 땐 안 그러고, 일반

학급에 가면 자기 마음대로 행동해. 그렇게 해도 아무도 혼내지 않는다는 걸 알거든. 그러니 알려줘야 해. 이 아이들은 불쌍한 게 아니라 지켜줘야 하는 아이들인 거야. 나는 이 아이들의 삶을 지켜주기 위해 이 자리에 있는 거고."

또박또박 자신의 교육철학을 말하던 그 황홀한 광경을 나는 잊을 수 없다. 한참 어린 동생이었지만 그 순간만큼은 스승이었다. 존경스러웠다. 가르치기를 두려워하지 않는 스승, 함께 더불어 살아가기 위해 견뎌야 할 품위 있는 고통을 안내하는 선생이 내 앞에 있었다. 나는 남들 앞에서도 흔들리지 않는 소신을 장착한 부모가 되기로 결심했다.

A project to raise self directed kids

자고

: 하루 15분, 잠자리 대화법

"은찬아, 오늘은 유치원 재미있었어?"

"그냥 그랬어요."

"선생님 말씀은 잘 들었어?

"네."

"밥도 잘 먹고?"

"네."

"수업시간에는 뭐 했어?"

"몰라요. 생각이 안 나요."

"누구랑 놀았어?"

"맨날 똑같지요. 김건우, 고지승, 이승철. 엄만 왜 그런 게 궁금해요?"

98

대답하기 싫은 기색이 역력하다. 대답하는 내내 건성이다. 급기야 아이는 매일 같은 질문을 던지는 내게 일침을 가했다. 생각해보니 맞다. 시간이 흘러 타오르는 사랑의 열기도 식어갈 즈음 의무감에 전화해 나누는 부부의 대화와 별반 다를 게 없었다. 그저 할 말 없으니 밥 먹었는지를 물었고, 그 질문에는 별다른 의미가 없다. 그러니 말하는 사람도 건성이고, 대답하는 사람도 성의가 없다.

처음에는 시큰둥한 아이에게 화가 났다.

"은찬아, 말하기 싫어? 엄마랑 얘기하기 싫으면 싫다고 해."

"아니요. 그냥 재미가 없어요."

할 말이 없었다. 나는 대화의 책임이 아이에게 있다고 생각했다. 그런데 아이의 대답을 곰곰이 생각해보니 내 질문에 문제가 있었던 것이다. 재미가 없다는 건 내가 잘못 물어본 것이다. 솔직하게 말해준 아이 덕분에 나는 나를 돌아보았다. 그렇다면 나는 왜 이런 질문을 했던 것일까?

첫째, 의무감이었다. 온종일 직장에서 힘들게 일하고(특히 나는 말하는 직업이라서) 피곤한 상태에서 아이를 만났다. 그저 침묵이 싫어 의무감에 아이에게 말을 건넸다. 말에는 영혼이 없었다. 아이도 영혼이 없었다.

둘째, 유치원에서 일어나는 일들에만 관심이 있었다. 질문의 이면에는 '혹시 아이가 다른 친구와 싸우지 않았나?', '무슨 일이 일어나지 않았을까?' 하는 유치원 속 사건들에 초점이 맞춰져 있었다. 행여 '내 아이가 잘못된 행동을 하지 않았을까?', '수업할 땐 어떤 모습일까?' 등등 하나부터 열까지 아이를 취조하는 듯한 질문이었다. 강압적인 질문을 하면서 아이에게는 자연스러운 답변을 기대했던 것이다. 그러니 아이는 이런 엄마의 질문이 달가울 리 없다. 내 질문 속에는 '아이'가 없었다. 마음을 먼저 열고 대화하려는 엄마의 진심이 빠져 있었다.

다음 날 저녁, 오랜만에 친구를 만났다. 친구는 오자마자 시댁 이야기를 늘어놓았다. 시누의 말투와 행동이 거슬린다며 한참 열변을 토했다. 내가 이러려고 결혼한 건 아닌데 후회가 된다면서 주말마다

시댁 가서 저녁까지 먹고 오는 게 죽을 만큼 싫다고 했다. 말하는 중간중간 눈물을 보이길래 눈물도 닦아주고 고개도 끄덕이며 정말 열심히 들어주었다. 한참 자신의 이야기를 쏟아내던 친구는 갑자기 눈물을 닦아내더니 나에게 물었다.

"경미야, 근데 너는 왜 니 이야기 안 해?"

"음…… 일부러 안 하는 건 아니야. 나는 문제가 생기면 내 안에서 해결하려고 하는 거 같아. 다른 사람한테 말해도 잘 안 풀리더라고. 정말 힘들 땐 남편이랑 이야기하고 털어내는 편이야."

"넌 학교 다닐 때도 그랬어."

"그랬나?"

"난 니가 어떤 마음인지 알고 싶어. 어떤 생각을 하는지 궁금하기도 하고. 힘들 땐 나에게 이야기도 해주고. 뭔가 나만 이야기하니까 답답할 때가 있더라고."

친구랑 헤어지고 걸으면서 친구의 말을 되짚어봤다. 어제 은찬이의 말과 겹쳐졌다. 대화란 나를 드러내는 것이다. 내 마음을 열고 내 이야기를 먼저 할 때 상대방도 마음을 여는 것이다.

집에 들어오자마자 아이에게 말했다.

"은찬아, 엄마 방금 ○○ 이모 만났는데, 이모가 엄마한테 선물 줬다."

"진짜요? 나도 오늘 다섯 살 동생한테 종이 미니카 선물해줬는데."

"진짜? 무슨 색 미니카였어?"

"그건 바로바로 내가 제일 좋아하는 금색 미니카!"

대화가 30분 동안 계속 이어졌다. 미니카로 시작된 이야기는 운동화로 이어졌고, 사소한 것들까지도 키득거리며 비밀인 양 말했다. 신기했다. 풀리지 않는 수학 문제를 풀었을 때의 기분이었다. 내 이야기를 먼저 하면 되는 것이었다. 아이의 이야기를 듣고 싶으면 내 마음을 먼저 보여주면 되는 것이었다. 친구가 내게 원한 것처럼. 친구는 용기 내어 내게 말했고, 아이는 아직 어려서 그 마음을 표현하지 못했을 뿐, 친구와 은찬이가 내게 같은 말을 하고 있었다.

은찬이 잠들고 이 엄청난 비법을 남편에게도 전수했다. 남편은 자기 전에 가족이 모두 침대에 누워 대화를 나눠보는 것이 어떻겠냐는 제안을 했다.

우리 집은 보통 9시면 잘 준비를 한다. 양치를 마치고 읽고 싶은 책을 고른다. 둘 다 직장을 다니기 때문에 밤샘 독서는 꿈도 못 꾼다. 자기 전 평균 1~3권 사이의 책을 아이에게 직접 고르게 한다. 한글을 모를 때도 아이는 그림을 쭉 훑어보고 책을 선택했다. 부모가 고른 한 권까지 합해 침대로 향한다. 아이가 선택한 엄마 또는 아빠 이야기꾼은 아이 침대에 같이 누워 책을 읽어준다. 주말에 컨디션이 좋을 땐 원 없이 고르라고 할 때도 가끔 있지만, 대부분 권수의 제약을 두는 편이다. 무리해서 읽어주다 보면 다음 날 피곤하고 그 피곤함이 다시 아이에게 독이 되는 것이 싫었다. 대신 매일 단 한 권이라도 읽어준다는 원칙만은 고수하고 있다. 그래서인지 아이는 책에 대해 항상 목마르다.

"제발 책 한 권만 더 읽어주면 안 돼요?"

집 근처에 건강한 재료로 만드는 빵집이 있다. 토요일 아침 부지런을 떨었는데 앙버터는 또 품절이다. 아쉬운 대로 크림치즈 깜바뉴랑 먹물 브레드를 사서 집으로 왔다. 올 때마다 품절이니 오기가 생겼다. 왠지 그 맛있는 걸 나만 못 먹어본 것 같은 억울함이 밀려왔다. 다음번에는 빵 나오기 30분 전에 도착하겠노라 마음먹고 가게를 나왔다. 사실 나는 앙버터를 엄청 좋아하지 않았다. 그런데 'sold out'이라는 글귀가 나를 자극했고, 남편은 내가 제일 좋아하는 빵이 앙버터인 줄 안다.

은찬이가 책을 좋아하게 된 것도 이런 이치 아닐까. 사실 엄마의 피곤함과 게으름의 산물이었지만 아이는 이를 통해 결핍을 경험했다. 풍족하지 못하니 갈망하게 되고, 그 갈망은 자신이 정말 좋아하는 것이라고 인지하게 되는 계기가 되었다. 어쨌든 모로 가도 서울만 가면 되는 거 아닌가. 책을 좋아하는 아이로 컸으니 나는 그걸로 만족한다.

다시 본론으로 돌아와서 남편이 제안한 침대 속 대화를 시도해봤다. 처음엔 아이가 쑥스러워할까 봐 책을 읽은 뒤 불을 끄고 무드등을 켰다.

"우리 오늘 감사한 일 이야기할까?"

"아빠 먼저 해야겠다."

"아니야 엄마가 먼저 할래!"

"내가 할래. 내가. 그럼 가위바위보 하자."

아이가 평소와 다른 시도를 눈치챌까 봐 생각할 틈을 주지 않고 밀어붙였다. 아니나 다를까. 아이는 걸려들었다.

"아들, 아빠 먼저 해도 돼요?"

"좋아요. 다음엔 제가 먼저 할게요."

"오늘 유치원 하원하고 집에 올 때 슈퍼에 들러서 오이랑 콩나물이랑 우유랑 된장 사 왔잖아요. 아빠 노트북이랑 은찬이 유치원 가방까지 있어서 아빠가 손이 부족했는데 '아빠, 무거운 거 저 주세요. 아빠 허리 아프잖아요' 하면서 장바구니 가져가 줘서 정말 고마웠어요. 은찬이가 아빠를 생각해주는 마음이 느껴져서 정말 감동이었어요."

"오늘 유치원 하원할 때 아빠가 왔잖아요. 다른 친구들은 엄마랑 할머니가 오는데 나는 아빠가 와서 너무 좋았어요."

"엄마는……"

"엄마, 나 하나만 더 해도 돼요?"

"그래."

"내가 유치원에서 나올 때 아빠가 나를 사랑하는 눈빛으로 바라보면서 두 손을 벌리고 기다리고 있어서 너무 좋았어요."

"아빠가 사랑하는 건 어떻게 알 수가 있어요?"

"그건 당연히 알죠. 아빠 눈에서 하트가 막 나오잖아요. 봐봐요. 지금도 나오는고만."

"하하하!"

아이를 양쪽에서 꼭 안아주었다.

최근 SNS 사이에서 감사 일기가 유행처럼 번지고 있다. 오프라 윈프리 성공의 비결이 10년 동안의 감사 일기라는 기사를 보았다. 심리학자들의 연구 결과에 따르면 감사한 마음은 뇌를 활성화시켜 스트레스를 완화해주고 행복하게 해준다. 심지어 감사 다이어리가 등장했고, 사람들은 너도나도 감사함을 찾아내려 애썼다.

아이와 침대 속 대화를 시작한 이래 내게는 큰 변화가 생겼다. 아이와 함께하는 매 순간 아이의 말과 행동을 관찰하게 되었다. 아주 작고 사소한 것에서 감동이 밀려든다. '잠들기 전에 이야기해야지'라고 생각하며 잊지 않으려 애쓴다. 그러다 보니 아이와 함께한 시간들이 감사로 채워지고 화낼 일이 줄어들었다.

직장맘은 스스로 만든 죄책감이 크다. 아이와 더 많은 시간을 보내주지 못하는 미안함에 더 많은 것을 희생하고, 집안일에서도 완벽함을 추구한다. 나 역시 그랬다. 그런데 엄마도 사람인지라 아이를 키우면서 순간순간 한계에 부딪힌다. 참고 참았던 감정이 폭발하는 때가 반드시 찾아온다. 스스로 통제가 되지 않아 가장 약한 아이에게 쏟아내고, 돌아서서 잠든 아이를 보며 울었다. 미안해서 울었다. 그렇게 잠든 아이를 향한 고백을 정작 아이는 듣지 못한다. 엄마의 마음을 알지 못한 아이 마음속 상처는 고스란히 그대로 남는다. 이런 악순환의 고리를 끊고 싶었다.

어렵지만 불편했던 감정들을 쏟아내기 시작했다. 감사한 일을 기본으로, 미안했던 일, 서운했던 일, 속상했던 일들도 곁들였다. 형식이 중요하지는 않았다. 꼭 5가지를 해야 하는 것도 아니고 이렇게 해야 한다는 지침이나 방법이 있는 것도 아니다. 세상에 갖가지 육아법이 넘쳐난다. 프랑스 육아, 책 육아, 애착 육아, 포대기 육아……. 넘쳐나는 정보 속에서 엄마가 해야만 하는 것들은 점점 더 엄마의 어깨를 짓누른다. 방법보다는 본질을 봐야 한다. 정답은 없고, 지름길도 없다. 양보다 질이다. 3시간을 놀아주는 것보다 3분 안아주는 것이 아이에게 더 큰 영향을 미칠지도 모른다. 온종일 1분도 못 놀아줬다면 잠들기 전 그 순간만이라도 아이와 가슴으로 말하리라.

싸고

: 당황하지 않는 성교육

"엄마, 오늘은 나랑 같이 샤워하면 안 돼요?"

평소 혼자서 하는 녀석인데 오늘은 엄마랑 하고 싶단다. 아이는 먼저 머리를 감고 몸에 비누칠을 하고 있었다. 나는 눈을 감은 채 머리를 감고 있었다. 나는 샴푸가 아이 눈으로 튀길까 봐 앉아 있었고 아이는 서 있었다. 뭔가 쓱 지나가는 느낌이 들었다. 다시 콕콕콕 만진다. 머리의 샴푸가 아직 씻겨 내려가지 않아 연신 샤워기로 물을 뿌리며 헹궜다. 아이는 아무렇지 않게 내 가슴을 다시 만지며 묻는다.

"엄마는 왜 가슴이 산처럼 솟아 있어?"

갑작스러운 물음에 멈칫했다. 아이는 그저 궁금했던 것이다, 자신의 몸과 엄마의 몸이 다른 이유가. 당황하지 않으려 애쓰며 말을 이어나갔다.

"여자는 아이를 낳아. 아이가 세상에 처음 나와 바로 밥을 먹을 수는 없잖아. 그럼 아가는 뭘 먹을까?"

"엄마 젖을 먹지. 그럼 그냥 우유는 못 먹어요?"

"은찬이가 지금 먹는 우유도 돌이 지나야 먹을 수 있어."

"저번에 준호 동생은 젖병에 분유 먹던데?"

"맞아. 아이가 태어나면 엄마 젖을 먹거나 분유를 먹는 거야. 그런데 먹을 때 은찬이처럼 가슴이 평평하면 아이가 먹을 때 어떨까?"

"어려울 거 같아요."

"그래서 엄마 가슴이 이런 모양인 거야. 분유 먹는 젖꼭지도 그렇고."

"아, 그렇구나."

"나도 엄마 젖 먹었어요?"

"그럼! 많이 먹어서 쑥쑥 자랐지."

"엄마 가슴은 정말 정말 소중한 거구나. 고마워요, 엄마."

"은찬아, 사람 몸은 존중받아야 해. 그러니 조금 전처럼 불쑥 말고 만지거나 안아주고 싶을 때는 물어봐야 해. 그게 엄마라도."

"알겠어요. 엄마도 저한테 뽀뽀하기 전에 물어봐주세요."

"응."

샤워가 끝나갈 무렵 은찬이가 또 물었다.

"엄마, 그런데 왜 여자는 고추가 없어요?"

"남자의 성기는 '고추'가 아니고 '음경'이야. 여자는 '음순'이라고 하고."

"그럼 여자도 있어요?"

"당연하지! 여자는 몸속에 있는 것이고, 남자는 몸 밖에 있을 뿐이야."

샤워하면서 이런 대화를 나누다니, 웃음이 나왔다. 언제 이만큼 큰 건지, 만감이 교차했다. 성교육을 할 때가 곧 올 거라고 예상했지만 이런 상황을 상상한 적은 없었다. 어쨌거나 나는 호들갑스럽지 않게 아이의 궁금증을 해결해주었다. 일곱 살이 되자 아이는 남자의 몸과 여자의 몸에 부쩍 관심을 가졌다.

나는 성교육을 받았지만, 제대로 된 성교육은 받지 못했다. 부모님 은 늘 여자가 조심해야 한다고 말씀하셨다. 세상은 무서운 곳이라고, 남자는 믿으면 안 된다고 입버릇처럼 말씀하셨다. 몸조심 안 하면 여자 인생 망친다고 겁을 주셨고, 그 책임은 오롯이 여자의 몫이라 고 하셨다. 그래서 나는 대학 때 가는 공식적인 MT 외에 여행을 갈 수 없었다. 여자 혼자 배낭여행은커녕 매일 밤 9~10시 사이 집에 들 어와야 했다. 여중, 여고를 졸업했는데 학교에서도 마찬가지였다. 여 자는 조신해야 한다. 짧은 치마를 입으면 성폭력의 타깃이 되니 늘 몸가짐을 바르게 하라고 배웠다. 어른이 되고 나서 나는 이런 불합 리한 성교육이 잘못되었다는 것을 깨달았다. 성교육은 오히려 남자

아이한테 해야 한다고 생각한다. 아이가 호기심에 물어보는 때가 진짜 성교육을 할 수 있는 절호의 기회이다.

딸을 낳고 싶었다. 나를 닮은 예쁜 딸을 낳고 싶어서 밤마다 기도했다. 심지어 배가 나온 모양만 보면 영락없는 딸이라고 지레짐작했다.

"저기 다리 사이 보이시죠? 파란색으로 준비하세요."

산부인과 의사가 이렇게 노골적으로 말했지만 나는 출산하는 순간까지 딸이라고 생각했다. 그만큼 딸이 좋았다. 그런데 아이를 낳고 나니 오히려 나조차 아들이라 다행이라고 말하고 있었다.

평소 친하게 지내는 동생이 임신했는데 아들이라고 했다. 서운해하자 내가 말을 이어나갔다.

"내가 미쳤지. 그 뜨거운 여름에 강원도로 여름휴가 간다고 새벽부터 출발해서 가지 않았겠어. 고속도로 출구가 코앞에 있는데 앞에서 사고가 났는지 차가 엄청 막히는 거야. 원래 막히는 구간이 아닌데 두 시간 동안 가다 서다를 반복하는데 갑자기 자다 깨서 은찬이가 쉬 마렵다고 그러는 거야. 사실 나도 가고 싶었는데 참고 있었거든. 막히는 건 귀신같이 알고 뻥튀기랑 생수 파는 아저씨가 나타난 거야. 꽉 막힌 도로에서 화장실을 못 가니 누가 생수를 사겠냐고 남편한테 말하던 찰나 앞차 창문이 열리는 거야. 차에서 생수병 하나가 창문 밖으로 나오더니 멀쩡한 물을 버리는 거야. 그걸 멍하니 보고 있는데, 아! 하는 순간 사람들이 너도나도 생수를 사지 뭐야. 어김없이 물은 창문 밖으로 버려졌고. 그 뒤로는 상상이 되지? 이럴 땐 아들인 게 참 다행이다 싶어. 아들이면 놀이터 혼자 보내도 되는데 딸엄마는 무서워서 못 보내더라. 키워보니 아들이 훨씬 편해. 낳아보면 알 거야."

　말하고 나서 아차 싶었다. 생각해보면 아이가 쉬 마렵다고 말할 때 놀이터 화단 나무에 소변을 보게 한 적도 많았다. 그게 잘한 일은 아니었다. 딸은 아무리 급해도 화단에서 생리적 현상을 해결하지 않는다. 나도 아이에게 인내심을 기를 수 있게 가르쳐야 했다. 유명한 마시멜로 이야기가 떠올랐다. 마시멜로 실험을 통해 눈앞의 달콤한 유혹을 이겨낸 자가 훗날 성공할 확률이 높다는 것이다. 지금 당장의 생리적 현상을 참아내는 것도 스스로의 조절 능력을 높이는 기회가 된다. 욕구를 조절할 절호의 찬스를 엄마인 내가 빼앗은 것이다. 그 후로 나는 적어도 노상 방뇨를 허락하거나 종용하지 않았다.

　나 역시 사회적 통념상 남자아이는 아빠가, 여자아이는 엄마가 성교육을 해야 한다고 생각했다. 남자들끼리 하는 성교육은 오히려 잘못된 생각을 심어줄 수 있다. 제대로 된 성교육을 하려면 엄마와 아빠 둘 다 필요했다. 아이는 부모를 골라서 물어보지 않으니까. 성교육을 하려면 공부가 필요하다.

　'시간이 흐르면 언젠가 알겠지. 자연스럽게 터득할 거야. 학교에서

가르치니 됐어. 아들은 무슨 걱정이야. 딸이 걱정이지.'

　이런 생각은 버려야 한다.

　성교육할 때도 가장 중요한 것은 대화다. 아이가 스스로 궁금한 것을 물어봤을 때 당황하거나 대답을 회피하면 아이들은 자신이 무언가를 잘못했다고 인식하고 입을 다문다. 아이 스스로 질문하고 말할 줄 알아야 교육으로 이어질 수 있다.

　"애가 뭘 이런 걸 묻니?"

　"애들은 몰라도 돼."

　이런 식으로 덮어버리면 '성'은 음지에 숨어 삐뚤어진 모습으로 아이의 머릿속에 저장될 것이다. 건강한 대한민국, 건강한 은찬이를 위해 나는 오늘도 성교육책을 펼친다.

A project to raise self directed kids

책임

: 똑똑한 선택을 이끄는 힘

'육아'라는 말 속에 모든 것이 포함되어 있다고 생각했다. 아이와 함께 숨을 쉬고, 안아주고, 잠을 재우고, 밥을 먹는 일, 그리고 놀아주는 것까지 모두 엄마인 내가 해야 하는 일이라고 믿었다. 그리하여 나는 그 모든 것들을 '완벽하게' 하려고 참 아등바등 살았다. 퇴근이 늦어지는 남편을 하염없이 기다리며 살림도 육아도 일도 다 잘해내려고 애쓰는 사람이었다. 하면서도 불만은 쌓여갔다. 아무도 나를 도와주지 않는다며 넋두리를 늘어놓고 한숨으로 하루를 마감했다. 그런데 가만히 생각해보니 그 모든 일은 누가 시키지 않았다. 그저 나 스스로 족쇄를 만들어 그 안에 날 가둔 것이었다.

집을 치우고, 밥을 해 먹는 일상이 나의 발목을 잡았고, 해도 티 안 나는 살림을 완벽하게 하겠다며 나를 닦달했다. 청소해서 깨끗해진 집은 잠시, 또 어질러진 집을 보며 아이와 남편에게 잔소리하는 나를 발견했다. 끝이 보이지 않는 막막함, 해도 해도 끝나지 않는 집안일은 나를 지치게 했다. 그 모든 것이 내 일이라 생각했다.

하늘이 참 맑은 날이었다. 퇴근길에 운전하면서 유난히도 예쁜 가을 하늘을 보며, 그냥 이대로 어디론가 떠나고 싶다는 생각이 들었다. 생각은 생각으로 끝이 났고 나의 몽상은 몽상으로 끝났다. 아이를 어린이집에서 데리고 나왔다. 건물에서 나와 커브를 돌자 예쁜 코스모스가 웃고 있다. 아이의 발걸음이 멈췄지만 꽃을 들여다볼 마음의 여유가 없었다. 발걸음을 재촉해서 아파트 상가 마트에 갔다. 집으로 오는 길에 고민하던 저녁 거리로 두부 한 모, 애호박 하나, 어묵, 우유를 사서 집으로 향했다. 내 가방, 아이 가방, 낮잠 이불, 장 본 비닐봉지까지 두 손 가득 들고 낑낑거리며 걷는데 아이는 손을 잡아달라고 한다. 엄마 옷 잡고 가자고 말하자 몇 발짝 걷는가 싶더니 다시 안아달라고 한다.

"은찬아, 엄마 이렇게 짐이 많아서 은찬이를 안아줄 수가 없어."

"안아주세요. 안아줘요."

"집 바로 코앞인데 조금만 걸어보자. 엄마가 집에 가서 안아줄게."

"싫어. 엄마 미워."

"은찬아, 제발⋯⋯."

눈물이 났다. 내 마음을 몰라주는 아이가 답답해서 눈물이 났다. 멀리서 아는 사람이 내 쪽으로 걸어오고 있었다. 나오려던 눈물은 쏙 들어갔다. 다시 아닌 척 괜찮은 척 아이를 보며 말했다.

"은찬아, 은찬이가 잘 걸으면 엄마가 집에 가서 거품목욕 시켜줄게."

"진짜?"

나는 다시 현실과 타협했다. 무언가 보상을 주고, 아이를 설득시키는 내가 싫었다. 스스로가 참 못나게 느껴졌다. 아이를 설득할 힘이 부족했다. 나는 지쳤고, 그저 집에 들어가서 쉬고 싶었다. 가까스로 아이를 설득해 걷게 했고, 집에 도착하자마자 아이 옷을 벗겨 세탁기에 넣었다. 욕조에 물을 받았고 아이는 온 집을 뛰어다녔다. 그 사이 어린이집 가방을 열어 유아수첩을 확인하고 도시락을 꺼내 개수대에 넣었다. 물통, 수저까지 다 꺼내고 안내문을 읽어본 후 아이 수첩에 쓰인 선생님의 글을 보며 아이가 보냈을 오늘 하루를 상상해보았다. 오늘 낮잠을 자다가 꿈꿨는지 엄마를 찾으며 울었다는 글귀를 읽고 주저앉았다. 그런 줄도 모르고 나는 아이 손을 붙잡고 마트로 향했다. 아이가 무언가를 말하려 한 기억이 스쳤다. 나는 급한 마음에 아이의 몸짓, 발짓, 그리고 언어를 보고 듣지 못했다. 아이도 오늘 하루를 위로받고 싶었으리라. 온종일 기다렸던 엄마를 만나자마자 품에 안기고 싶었으리라. 날뛰고 있는 아이를 다짜고짜 꼭 안았다.

한참을 그냥 안고 있었다. 갑자기 포획된 아이는 처음에는 발악하더니 점점 고요해졌다. 꼭 안은 채 아이 귀에 대고 말했다.

"은찬아, 엄마가 미안해. 어린이집에서 낮잠 자다가 꿈꿨어? 그래서 엄마 찾았는데 엄마가 안 보여서 울었다면서?"

"지금은 괜찮아요."

"그래서 엄마 보고 아까 안아달라고 했던 건데, 엄마는 은찬이가 그냥 걷기 싫어서 그런 줄 알고 사실 화가 났었어. 짐도 많고 무거운데 은찬이가 엄마 이해 못 하고 안아달라는 줄 알고 짜증이 났었어. 그런데 은찬이가 이런 일이 있어서 그런 거였구나."

"엄마, 뭐라고요?"

"응, 그냥 엄마가 은찬이 사랑한다고."

아이는 내 말을 진짜 못 알아들었을까? 모르겠다. 그저 내 마음을 전했고, 그 마음은 아이에게 전해졌으리라. 욕조에 물이 찼고 버블비누를 넣어 비누 거품 만들어주고 오리랑 컵, 주전자를 넣어주었다.

아이가 놀고 있는 사이 재빨리 아이 옷을 세탁기에 넣고 돌렸다. 육수를 우려내고 된장을 풀고, 두부를 썰려고 도마를 꺼내든 순간 아이가 지루함을 표현했다. 가스레인지의 불을 끄고 아이에게 갔다. 빠르게 비누칠을 하고 머리를 감긴 후 다시 저녁을 준비했고 밥 한 숟가락 뜨려는 순간 세탁기에서 종료음 소리가 들렸다.

띠리리리리. 밥 먹다가 말고 달려가니 세탁기가 온통 초록색이다. 색종이가 아주 작게 잘려서 옷마다 다닥다닥 붙어 있었다. 힘껏 힘주어 털어도 색종이는 쉽게 떨어지지 않았다. 털면서 부는 바람에 바닥에는 조금 전에 털어낸 아주 작은 색종이들이 날아다녔고 팔이 아팠다. 나오는 옷마다 온통 자잘한 색종이가 젖은 때처럼 딱 붙어 있었고 절반쯤 널다가 순간 화가 치밀었다. 아까 아이를 붙들고 미안함을 토로하던 엄마는 온데간데없었다.

"조은찬, 너 또 주머니에 색종이 넣었어? 엄마가 넣지 말랬지. 벌써 몇 번째야!"

달려온 아이가 나를 한 번 보더니 다시 부엌으로 가서 급하게 물티슈를 들고 왔다. 잘못을 인지한 아이가 물티슈를 내게 내민다. 한참 바닥을 닦고 있는데 아이가 건넨 한 마디.

"엄마, 내가 도와줄까요?"

118

"뭐?"

'아이가 잘못해서 그런 건데 왜 내가 치워야 하지?'

이 단순한 질문을 왜 나는 여태 하지 못했나. 익숙해져버린 일상이었기에 그 일의 진짜 주인이 누구인지 묻지 않았다. 집 안에 사는 사람은 세 명인데 집안일은 다 내 차지였다. 남편 빨래도 내가 빨고, 아이가 먹다 흘린 물도 내가 닦았다. 왜 나는 '당연하지만 당연하지 않은' 이 일들이 당연히 내 일이라고 생각했던 것일까. 뭔가 잘못되었다.

"은찬이가 색종이를 잘못 넣어서 이렇게 된 거니까 이건 누가 닦아야 할까?"

"은찬이."

"맞아. 은찬이가 닦아야 하는 거야. 닦을 수 있겠니?"

"제가 닦을게요."

한참 낑낑거리며 닦더니 나에게 도움을 요청했다. 나는 최대한 인심 쓰듯 너를 위해 엄마가 특별히 도와준다는 어투로 말하며 남은 정리를 도와줬다. 그렇다. 주객이 전도되었기에 나는 화가 났던 것이다. 내가 저지르지도 않은 일의 뒷수습을 내가 하려고 하니 부아가 치밀었던 것이다. 집안일의 주인을 찾아주면 되는 것이다. 네 살 가

을이었다.

돌려주고 나니 화낼 일도 힘들 일도 줄었다. 비로소 진짜 주인을 찾았다. 육아란 엄마가 다 해주는 것이라는 단순한 명제를 내려놓으니 아이도 스스로 자신의 자리를 찾아갔다. 이제 나도 우아한 육아가 가능해졌다.

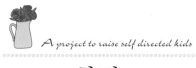

환경

: 아이가 놀이에 몰입하는 법

　일요일, 아침 일찍 밥을 먹고 분주하게 움직였다. 책장의 책이 많아져서 대대적인 정리 작업이 필요했다. 책 중 일부는 중고서점에 팔고, 나머지는 집 근처 도서관에 기증하기로 했다. 다 꺼내서 세어보니 대략 부부 책 200권, 아이 책 150권 정도. 분류하고 포장하기 위해 아파트 분리수거장으로 향했다. 쌓여 있는 박스 중 깨끗한 것 열 개 정도 골라서 돌아서려는데 아이가 물었다.

　"엄마, 저도 박스 필요해요. 두 개만 가져가도 돼요?"

　"그럼 은찬이가 골라봐."

　"네."

　집으로 올라와서 우리 부부는 방에, 아이는 거실에 안착했다. 일을 빨리 끝내야겠다는 일념으로 몰두하다 보니 점심 먹는 것도 잊었다. 그도 그럴 것이 우리 집 배꼽시계가 조용한 것이 아닌가. 서너 시간 정도 한 마디도 안 하고 조용하길래 거실에서 잠들어버린 줄 알고 황급히 거실로 나갔다.

"은찬아!"

"저 미니카 경기장 만들었어요. 봐봐요. 이건 두 대가 대결을 펼치는 건데 마지막 골인 지점은 막아뒀어요. 왜 그러냐면요. 제가 친구들이랑 해보니까 이게 막 여기저기로 가버려서 다시 가지러 가기가 힘들더라고요. 어때요?"

남편과 내 예상은 보기 좋게 빗나갔다. 거실에 엄마, 아빠가 등장하자 아이는 신이 났다. 이제 막 완성된 자신의 작품을 봐줄 관객이 두 명이나 자발적으로 온 것 아닌가. 두 눈을 동그랗게 뜨고 아이는 자신의 작품(?)을 설명했다. 숨도 안 쉬고 말하는데 그 야무진 입을 보니 웃음이 터져 나왔다.

"아니, 웃지 말고 잘 들어봐요. 이건 웃긴 게 아니라고요!"

"알겠어. 뚜껑은 긴장감을 주기 위해 만든 거야?"

"그럴 수도 있겠네요. 사실 다른 곳으로 날아갈까 봐 그런 것도 만든 거예요."

너무 귀여워서 미소가 절로 지어졌다. 상자 두 개가 멋진 미니카 경기장으로 변신했다. "천재 아니야?" 하는 말이 목구멍까지 나왔지만 꾹 참으며 아이가 설명한 것을 되돌려서 질문했다. 아이는 무에서 유를 창조하느라 네 시간 가까이 엄마 아빠를 찾지 않은 것이었다.

미니카 경기장에 쓰일 미니카 역시 시중에 파는 장난감이 아닌 종이로 접은 미니카다. 은찬이가 접은 4단 합체 미니카는 시중에 변신 로봇(로봇인데 자동차로 변신하는 것) 못지않다고 자부한다. 벌써 3년 차 종이접기 경력자다.

어린이집에 처음 갔던 게 세 살 때였다. 적응 기간이라 1주일은 엄마와 한두 시간 함께 있다가 가고, 2주 차부터는 혼자 등원한다고 말씀해주셨다. 엄마와 함께 있지만, 아이가 찾지 않으면 한 발짝 물러나서 아이를 지켜보리라 마음먹었다. 하루 이틀은 아이만 보이더니 시간이 지나자 주변 사물이 보이기 시작했다. 작은 의자, 교구장, 바구니별로 분류되어 있는 색종이, 연필, 장난감 등등 아이 눈높이에 맞춘 '환경'이었다.

그날 나는 맘카페를 통해 2만 원에 득템한 중고 교구장을 집에 들였다. 기억을 되살려 최대한 '어린이집'처럼 교구장에 아이가 자주 사용하는 물건들을 진열했다. 들어갈 물건을 아이와 함께 선택하고 마음이 바뀌면 언제든 교체했다. 바구니나 평소 모아둔 상자를 이용하면 깔끔하게 배치할 수 있고 아이가 언제든 꺼내 쓰고 정리해둘 수 있어서 좋았다.

세 살인데 가위를 주면 위험하다는 주변인(특히 할머니)의 반대를 무릅쓰고 안전가위를 마련해뒀다. 매일 교구장 앞에 앉아서 아이는 꼼지락꼼지락 손을 움직였다. 어느 날은 동그라미를 그리고, 어떤 날은 종이를 구겨 눈사람을 만들었다. 싫증도 내지 않고 한참을 앉아 있었다. 설거지할 때 바짓가랑이를 붙잡던 아이가 차츰 혼자 하는 놀이를 시작했다. 은찬이가 자르고 오리고 붙이는 작업을 좋아하게 된 것이 이때부터였던 것 같다.

하나의 도구가 익숙해지자 거기서 만족하지 않고 아이는 그다음의 것을 찾았다.

"안전가위 말고 엄마 꺼 큰 가위 써보고 싶어요."

"쓸 수 있겠어? 한번 써보렴."

"엄마, 저 칼 사용해도 돼요?"

"당연하지. 손 베이지 않게 조심해요."

"글루건으로 붙여주세요"

"은찬이가 한번 해봐. 대신 이건 뜨거워지니까 조심해서 써야 해. 엄마랑 한번 연습해보자."

일곱 살 은찬이는 이제 엄마 없이도 혼자 칼, 글루건, 어른 가위를 사용할 수 있다. 여전히 불쑥불쑥 '위험하지 않을까?' 하는 생각이 올라오지만, 이젠 아이가 스스로 판단하고 쓰기에 그저 믿는다. 언젠가 글루건을 쓰다가 살짝 데었지만 이를 통해 더 조심하는 방법을 배웠으리라. 아이들은 조금씩 자주 다쳐야 크게 다치지 않는다.

우리 집엔 장난감이 많지 않다. 나와 남편은 여태껏 아이에게 장난감을 사준 적이 없다. 다만 양가 할머니는 막을 수 없었다. 손주를 향한 사랑의 표현이니 그것까지 막는 것은 예의가 아니다. 은찬이도 할머니들이 사주신 베이블레이드는 네댓 개 가지고 있다. 집에 오면 무용지물이지만 놀이터에서 혹은 친구들에게 자랑하기 위한 용도로 사용한다.

부부의 기준에서 정해진 형태가 없어 변형이 가능하고 무엇이든 만들 수 있는 것만 사주었다. 아기 때도 국민 문짝 러닝홈, 점퍼루, 모래놀이가 전부였다. 대신 색종이, 아이클레이, 찰흙놀이, 스케치북은 무한대로 제공한다. 유일한 장난감은 블록. 블록은 종이벽돌블록(한

글, 사물), 사각 블록(와플 블록), 옥스퍼드 베베블록, 통큰 블록, 몬테소리 뉴런블록, 몰펀, 아이링고블록을 발달 단계에 따라 사주었다. 블록은 나이에 따라 적합한 블록이 있는 게 아니라 소근육 발달에 따라 쉬운 것부터 단계별로 접하게 해야 아이의 흥미를 끌어낼 수 있다.

블록 중에 배제한 것 두 종류는 레고와 자석블록이다. 레고의 경우 선물 받아서 우리 집에 입성했는데 별로였다. 내 기준에 블록은 부수고 만들기를 반복하는 게 최대 장점이다. 그런데 레고는 처음 사왔을 때 혼신의 힘을 다해 만들고 장식용이 된다. 행여 엄마가 청소하다 부서지면 울고불고 난리가 난다. 다른 걸 만들려는 시도조차 하지 않고 설명서대로 조립해야 한다는 강박 때문에 오히려 창의성을 해칠 것 같다는 생각이 들었다. 조금 더 솔직하게 말하면 만드는 도중 엄마나 아빠를 너무 자주 부른다. 결국 부모의 도움 없이 아이 스스로 몰입할 수 없다는 이야기이다. 또 사용하다 보면 부품이 작아서 여기저기 굴러다니다 없어지는데 이 경우 찾아달라고 온 집을 들쑤시기에 레고는 구매 리스트에서 빠졌다.

자석블록의 경우 아이가 스스로 끼우고 빼면서 손의 힘을 키우는 걸 막는다. 저절로 착 붙으니 얼마나 쉬운가. 한 번 쉬운 것에 맛을 들인 아이들은 더 이상 힘든 것을 하지 않게 된다는 게 내 생각이다.

대부분 블록은 창의성을 키우는 도구로 생각하는데 내 생각은 조금 다르다. 창의성 발달 수단으로 블록을 바라보면 엄마는 이를 통해 학습의 효과를 기대할 것이고, 그런 엄마의 기대를 아이는 귀신같이 알아차린다. 블록 쌓기를 하면서 수를 가르치려 하면 아이는 흥미를 잃어버린다. '놀이'는 놀이일 뿐 목적이 되면 안 된다는 게 내 생각이다. 학습을 기대하는 엄마의 사심을 버리면 아이는 자연스럽게 블록을 넣고 빼고 끼우고를 반복하며 재미를 느낀다. 일곱 살 들어서는 바둑과 장기까지 영역을 확장했다.

아이가 장난감 없이도 온종일 잘 놀 수 있는 이유는 집안의 모든 것이 놀잇감이 되었기 때문이다. 도자기 그릇, 유리컵, 다리미, 칼, 글루건, 심지어 바늘도 있다. 이 도구들은 위험하긴 하지만 사용을 금지하지는 않는다. 처음 사용할 때는 '하는 법'을 보여주고, 따라 해보게 한다. 여러 번 반복한 뒤 익숙해지면 한 발짝 물러서서 아이를 지켜본다.

스스로 할 수 있는 일이 조금씩 늘어가고, 스스로 다룰 수 있는 도구들이 늘어나자 엄마의 시간도 점점 늘어났다. 같은 공간 속에서 각자 자신이 좋아하는 일을 즐길 수 있게 되자 나 역시 조금 더 너그러운 엄마로 거듭나게 되었다.

믹서기를 사용해서 바나나주스를 만들기도 하고, 커피머신을 사용해서 외출하는 엄마에게 카페라떼를 건네주는 아들이 있어서 나는 오늘도 발로 육아한다.

기준

: 넓고 넓은 울타리 치기

블로그에 육아 이야기를 쓰기 시작하자 블로그 이웃이 조심스레 물었다.

"엄마들의 성장을 꿈꾸는 독서 모임인데 부모교육 특강을 해주실 수 있나요?"

엄마가 바뀌어야 세상이 바뀐다고 믿었기에 기쁜 마음으로 달려 갔다.

강의가 끝난 후, 육아만으로도 벅찬데 집안일까지 해야 하는 상황에서 자꾸 아이들에게 화를 내게 된다며 내 생각을 물어왔다.

"아이와 설거지, 빨래, 청소를 함께하면 얼마나 좋은지 몰라요."

"우리 애는 네 살인데 설거지는커녕 주방에만 들어오면 물 튀기면서 장난을 쳐요. 어휴 설거지는 언감생심 꿈도 못 꾸는걸요."

"아이가 물장난하면 왜 안 되죠?"

"주방이 난리가 나요."

"그러면 안 되는 이유가 있어요?"

"정작 설거지는 안 하고 딴짓하는 거잖아요."

"마음을 가만히 들여다봐요, 뭐가 문제인지. 아이가 설거지를 안 하려고 하는 건지, 물장난을 하면 치우는 게 힘들어서 못 하게 하는 건지."

"아, 그 생각은 못 했어요."

"엄마가 화나는 이유는 이런 거예요. 아이가 물장난 후 뒤처리를 내가 해야 하니 짜증이 나는 거죠. 애초에 그런 일을 만들고 싶지 않은 거예요. 아이가 설거지하는 대신 물장난을 한다는 것은 물을 만지며 감각 놀이를 하고 있는 거예요. 더 어렸을 때 했어야 충분히 자신의 욕구가 만족되었을 텐데 아직 충족되지 않아 다섯 살인 지금도 그런 행동을 하는 거예요. 이건 안 되는 게 아니라 해소할 수 있게 충분한 기회를 줘야 한다는 말이에요. 대신 주방에서 하면 뒤처리가 힘드니까 샤워하면서 욕실에서 하면 어때요?"

"괜찮을 거 같아요."

"원래 엄마의 의도는 설거지였어요. 그런데 설거지를 하려다 보니 아이의 욕구를 알게 된 거죠. 얼마나 감사한 일이에요. 어떤 일을 할 때 만약 막히면 저는 가능한 방법들을 생각하려고 노력해요. 안 될 이유가 없잖아요. 아이에게 해가 되는 일이 아니고, 남에게 피해를 주는 일도 아닌데 왜 안 되겠어요. 생각해보면 엄마가 안 된다고 말하는 대부분의 일은 엄마가 귀찮아서일 때가 많아요."

"오늘은 그럼 샤워하면서 마음껏 놀아보라고 기회를 줘야겠네요."

"제가 이렇게 말했지만 그래도 엄마 마음속에 주방에서 아이가 물을 튀기며 난리 치는 모습을 보기 힘들다면 때가 되길 기다리는 것이 좋아요. 대신 욕실에서 물을 가지고 노는 시간을 충분히 주면서 욕구를 채워줘야 해요."

"아이가 그래도 주방에서 하겠다고 하면 어떻게 하죠?"

"그땐 어떻게 말했어요?"

"'아니야. 안 돼! 하지 마!'라고 단호하게 말했어요."

"부정적인 말이 한 번도 아니고, 세 번이나 들어갔네요. 아이들은 하지 말라고 하면 더 하고 싶어져요. 금지된 것은 더 하고 싶은 게 본능이죠. 안 된다는 말 대신 '손으로 물을 만지고 놀 수는 있어. 대신 욕실에서만 할 수 있단다'라고 말해보세요. 경계를 세우면 엄마와 아이 사이 중간 타협점이 생기게 되고 행복해져요."

"제 기준에서만 생각했네요. 훈육해야 한다는 마음이 커서 그게 맞다고 생각했는데 안 되는 게 아니었네요."

"그럼 다시 본론으로 들어가볼까요?"

"설거지는 그럼 어떻게 하죠? 아이가 준비될 때까지 기다려야 하나요?"

"엄마의 기준이 넓어지면 당장에도 할 수 있어요. 사실 설거지를 아이에게 해보라고 시킬 때 엄마는 팔짱 끼고 감시자가 될 때가 많아요. 시킨다는 마음 자체가 잘못된 거죠. 제가 처음에 아이에게 설거지를 '시켜라'가 아니라 '함께해보라'고 말했잖아요. 처음에는 그냥 발판 위에 올라가서 서 있으라 하고 엄마는 즐겁게 설거지를 하면 돼요. 그럼 얼마 안 있어 아이가 해보고 싶다고 말할 거예요. 그럼 수세미 하나를 더 꺼내 컵 하나라도 씻어보게 하세요. 이때 깨지는 건 안 된다며 구분하면 안 돼요. 그 순간 아이는 재미를 잃게 돼요. 깨지면 어때요. 깨지는 순간 아이는 더 많은 걸 배우게 될 거예요."

은찬이가 두 살 무렵 멸균우유를 먹기 시작했다. 우유에 빨대를 꽂아 아이 손에 쥐어주면 우유가 하늘로 솟구친다. 아무리 살살 잡으라고 해도 아이는 아직 조절 능력이 부족하다. 솟구친 우유를 흘린

다는 이유로 아이 손을 제지하고 내가 먹여준 적이 있다. 스스로 먹겠다고 달라는 아이에게 나는 안 된다고 말했다.

왜 안 될까? 안 된다고 말하는 것들을 가만히 들여다보면 엄마가 뒤처리해야 하거나, 아이가 못미더워서, 엄마가 하는 게 빠르니까 그러는 경우가 많았다. 아이 입장에서 다시 생각해보면 안 되는 것은 아니다. 그렇게 하나둘 엄마가 아이의 일을 대신 해주면 아이는 더 이상 움직이지 않게 된다. 에너지 절약 시대에 돌입하게 되면 만사 귀찮다. 어릴 때 그토록 혼자 하겠다고 할 때 주도권을 안 넘긴 대가로 엄마는 평생 아이 뒤치다꺼리를 해야 할지도 모른다. 생각만 해도 끔찍하지 않은가. 한다고 할 때 기다려주고 기회를 주지 않으면 정작 아이 스스로 해야 할 때 홀로서기를 못 하게 된다.

아무것도 못 하게 해놓고, 몸이 크고 나면 저절로 잘하기를 바라는 건 엄마의 욕심이다.

아이가 잠든 후에 아이 장난감을 엄마 혼자 다 치워놓고, 초등학교 들어가면 네 방은 네가 정리하라고 말한다. 그럼 천사 같은 아이들이 알아서 척척 스스로 할까? 절대 못 한다. 아니 안 하려 한다. 해본 적도 없고, 하기도 싫고, 버티면 또 엄마가 해줄 건데 할 이유가 없다.

기준을 넓혀야 한다. 기준을 넓히면 안 되는 일들이 줄어든다. 화낼 일, 혼낼 일이 크게 없다. 대신 명확한 기준을 세워야 한다. 나는 두 가지 기준에서 판단했다. 남에게 피해를 주는 일, 자기 자신에게 해가 되는 일을 제외하고 모두 괜찮다고 말했다.

　가만히 듣고 있던 다른 엄마가 물었다.

　"아이에게 칼을 줘도 되나요?"

　"당연히 되죠. 대신 위험하니 조심조심 사용해야 해요. 처음에는 엄마가 옆에서 함께 도와주며 방법을 안내해주면 좋아요. 아이들은 위험한 순간 더 집중력을 발휘해요. 사실 칼 사용하다 손을 조금 베이면 어때요. 저는 결혼 전에 요리를 해본 적이 없어서 채칼로 양배추 썰다가 손가락을 포 떠서 두 손가락 각각 세 바늘씩 꼬맸고, 이 주만에 빨래 건조대가 빠져서 끼워 넣다가 검지를 베어 정형외과 선생님께 호되게 혼났어요. 어릴 때 해본 경험이 없어 손이 능숙하지 못하니 결국 다치더라구요. 그런데 막말로 그냥 좀 다치면 어때요? 안 죽잖아요. 다치고 나면 엄마가 백날 잔소리 안 해도 스스로 조심하게 되더라고요. 결국 해봐야 할 수 있는 건데 굳이 그걸 못 하게 할 이유가 없는 거죠. 저는 아이에게 칼도 주고, 글루건도 주고, 가위도 세 살 때부터 줬어요. 안전가위 쥐어주니 잘 안 잘린다고 성질을 부리길래 그냥 일반 가위 쥐어줬어요."

　"아이가 자꾸 엄마 화장품을 탐내요. 화장품을 줘도 될까요?"

　"아이는 예뻐지고 싶은 거예요. 그게 본능이니까요. 화장을 생각해볼까요? 내가 화장한다고 남에게 피해 주는 일은 아니에요. 그러니 일단 오케이. 그럼 자신에게 해가 되는 걸까요? 어린아이가 엄마의 화장품을 쓰면 여린 피부에 트러블이 생기거나 화학 물질에 노출되니 아이에게 해가 되지요. 그러니 엄마 것을 쓰면 안 되지만 대신 아이가 쓸 수 있는 유아 전용 화장품을 사주는 거예요. 그리고 충분히 설명해주는 거죠. 왜 나이 별로 사용할 수 있는 제품이 다른지에 대해서. 어릴 때 엄마 화장대에서 립스틱 몰래 발랐던 경험 있을 거예요. 이 말은 엄마가 못하게 해도 결국 몰래 한다는 말이에요. 몰래 하면서 아이가 두려움에 떨게 할 필요가 있을까요?"

아이가 무언가를 하고 싶어 할 때, 아이가 어떤 행동을 할 때 잠시 멈춰 생각해보자. 엄마의 기준이 좁으면 아이는 자꾸 부딪힌다. 사사건건 걸리게 된다. 그러니 엄마의 울타리를 넓혀야 한다. 엄마의 기준이 넓으면 아이는 그 안에서 좌절하지 않고 마음껏 뛰놀 수 있다. 좁으면 좁을수록 아이는 밖으로 탈출하고 싶어진다, 엄마 몰래.

"엄마, 오늘 놀이터에서 놀아도 돼요?"

"안 돼, 영어 숙제해야 해"라고 말하는 대신 "그럼 영어 숙제 후딱 하고 마음껏 놀자"라고 말한다면?

긍정적인 말을 듣고 자란 아이와 부정적인 말을 듣고 자란 아이는 세상을 바라보는 시선이 달라진다. 안 되는 이유들로 아이를 가두지 말고, 가능한 방법을 찾는 연습이 필요하다.

인사

: 레벌 업, 굿모닝 프로젝트(I can do it)

"아가, 몇 살이냐?"

"……."

"고놈 잘생겼네."

"……."

"아이가 부끄러움이 많아서요."

"우리 손주는 인사 잘혀. 아무나 보믄 웃어서 따라갈까 봐 걱정이라니께."

엘리베이터를 탔다. 이웃 할머니가 아이에게 관심을 보였다. 은찬이는 내 뒤로 숨었다. 인사를 안 해서 할머니 손주와 비교되는 게 싫었다. 참 한결같은 녀석. 인사하는 게 뭐 어렵다고 안 하는지 도통 모르겠다. 엘리베이터를 탈 때마다 여간 스트레스가 아니다.

'같은 라인 사는 이웃들은 우리 아이를 어떻게 생각할까? 부모가 잘못 가르쳤다고 생각하겠지?'

엘리베이터에서 내려 집으로 들어오자마자 신발도 벗기 전에 나는 무릎을 구부리고 아이와 눈을 마주치며 말했다.

"은찬아. 인사하는 거야."

"나 다리가 조금 아파서 그랬어."

아이는 매번 다른 핑계를 댔다. 육아서에 나오는 대로 상황이 종료되고 나면 "은찬아, 인사하는 거야"를 말했다. 담담히 아이에게 메시지를 전했다. 그렇다고 부모인 내가 멀뚱멀뚱 서 있는 것도 아니었다. 남편은 나보다 더 깍듯한 사람이다. 매번 엘리베이터를 타고 내릴 때마다 새로운 사람이 탈 때마다 어김없이 인사를 했다. 상점에 들어가서도 웃으며 인사하고 길에서 안면만 있는 이웃을 만나도 인사를 했다. 그런데 아이는 꿈쩍도 하지 않았다. 늘 뒤로 가서 숨거나 딴짓을 했고, 상황이 종료되고 나면 모르는 척했다.

"내가 어릴 때 그랬대. 내 잘못이야."

"무슨 말이야?"

"내가 부끄러움이 많아서 중학교 때까지 짜장면을 못 시켰어."

"하하하. 지금은 안 그러잖아."

"바뀐 거야. 고등학교 때."

"인사도 안 했어?"

"응. 그래서 엄마가 맨날 혼냈어."

"그때 기분이 어땠는데? 기억나?"

"억울했지. 입을 떼려고 하면 상황이 끝나버렸거든. 내가 많이 머뭇거리긴 했지만."

"아니, 인사하는 게 어려워? 말 못 하면 고개만 까딱해도 되잖아."

"사람은 다 다른 거야. 자기는 어려운 거 없어? 맞다. 혼자 식당 가서 밥 먹는 거 못 하잖아. 나는 그거 백 번도 할 수 있는데 왜 자긴 못 해? 누가 뭐라 한대? 왜 못 해? 이렇게 몰아붙이면 어떨 거 같아? 다 사람마다 본인한테 힘든 일이 있는 거야."

"들어보니 그렇네. 내 기준에서 쉽다고 생각했는데 은찬이는 어려울 수 있겠다."

"인사라는 것도 다 사회적인 규칙인 거잖아. 하지 않는다고 생존의 위협을 받는 건 아니지만 사회적 약속이니까 남들의 시선을 의식하게 되는 것이고, 인사 잘하는 아이는 예의 바른 아이라는 인식이 머릿속에 있으니 은찬이가 인사를 안 하면 예의 없는 아이로 비춰질까 봐 두려운 거 아니야?"

"맞아. 그래서 나도 모르게 은찬이 대신 변명을 하고 있더라고. '부끄러움이 많아서 그래요. 숫기가 없어서요'라고 말한 적이 많았어. 그런데 얼마 전에 '엄마, 나는 부끄러워서 인사를 못해'라고 은찬이가 말하더라. 안 하는 게 아니라 못하는 거니까 엄마 이제 나한테 하라고 하지 마세요, 라고 말하는 거 같았어."

"그럼 그런 상황에선 어떻게 말하는 게 좋을까?"

"일단 아이를 평가하거나 판단하는 말은 하지 않는 게 좋겠어."

"자기가 다른 사람 시선을 이겨낼 수 있겠어?"

"노력해볼게. 나한테 중요한 건 은찬이지, 남들 시선이 아니니까."

"아이 기질이나 성향은 타고나는 것도 있는 거 같아."

"자기처럼 후천적 노력으로 극복해내기도 하지만, 타고난 기질을 인정하는 것이 우선일 듯해."

"그렇다고 마냥 할 때까지 기다릴 수는 없잖아."

"아까 자기가 입을 떼려고 하면 상황이 끝나버렸다고 했잖아. 은찬이도 그 얘기했거든. 갑작스럽게 마주한 상황에서 아이는 대처를 못 하는 거 같아. 그럼 마음의 준비를 할 수 있게 미리 얘기해주면 되겠다."

"좋은 생각인데! 조급하게 생각하지 말고, 천천히 해보자. 나도 은찬이랑 둘이 있는 경우에는 그렇게 할게."

그렇게 아이 네 살 여름 레벨 업, 굿모닝 프로젝트가 시작되었다. 아이와 엘리베이터를 타기 전에 나는 은찬이를 보며 말했다.

"은찬아, 엘리베이터를 탔을 때 누군가가 있으면 인사를 하는 거야."

"응."

나는 같은 말을 반복했다. 이전과 달라진 건 아이가 상황이 종료된 후 책망하듯 하는 말이 아닌 상황이 일어나기 전 미리 대비한다는 점이다.

"엄마랑 해볼까? 안녕하세요. 따라 해볼래?"

"안녕하세요."

"말로 하는 게 힘들면 고개만 숙여도 괜찮아."

"아니야. 할 수 있을 거 같아."

"좋았어. I can do it!"

"I can do it!"

"I can."

"do it!"

이렇게 큰 소리로 파이팅을 외치고 탔지만, 아이가 바로 인사를 하지 않았다. 나는 TV 속 오은영 선생님이 아니었다. 〈우리 아이가 달라졌어요〉에 나오는 아이들처럼 드라마틱하게 아이의 행동이 변하지 않았다. 그런데 지속의 힘이라고 해야 하나? 그렇게 노력해도 안 하던 녀석이 조금씩 변하기 시작했다. 숨지 않게 되었고, 고개만 숙이다가 어떨 땐 개미 소리처럼 작은 목소리로 말했다.

　그렇다면 지금은? 우렁차게 "안녕하세요"를 외치는 아이가 되면 좋겠지만, 다른 사람들이 알아들을 정도의 크기로 말한다. 내리는 사람 뒤통수를 보며 말하기도 하지만, 시선은 다른 곳에 두고 대답하기도 하지만, 자기 나이를 말하기도 한다. 엄마 뒤로 숨지는 않는다. 3년째 굿모닝 프로젝트를 진행하고 있지만, 앞으로도 계속될 테지만 조금씩 아이가 세상 밖으로 발을 내딛고 나가는 것이 보인다. 그리고 조급해하지 않는 내 모습도!

관계

: 놀이터 프로젝트 - 걱정 내려놓기, 마음 내려놓기

저녁을 준비하고 있는데 전화벨이 울렸다. "여보세요"라는 말이 채 끝나기도 전에 상대방은 가쁜 숨을 몰아쉬며 말했다.

"은찬 엄마, 은찬이 혼자 놀이터에 있길래 지금 데리고 있어요. 놀랐죠? 어디예요? 어디서 찾고 있었어요?"

"네? 네. 은찬이 좀 바꿔주실래요?"

"엄마."

"은찬아. 일단 엄마가 내려갈게."

"응."

재빨리 고무장갑을 벗고 내려갔다. 전화로 상황을 설명할까 잠시 고민했지만, 얼굴을 보고 이야기하는 게 낫겠다 싶었다. 고맙다는 인

사를 하고 아이와 함께 벤치로 갔다.

"은찬아, 상황을 설명해줄 수 있겠어?"

"내가 미끄럼틀을 탈까 시소를 탈까 아님 형아들이랑 터치볼 같이
하자고 할까 고민하고 서 있는데 아줌마가 와서 엄마 어디 있냐고
물어봤어요."

"그래서? 뭐라고 대답했어?"

"대답을 못 하고 생각하고 있는데 아줌마가 엄마한테 전화를 건
거예요."

"아. 그랬구나. 은찬이가 말해줬으면 더 좋았을 텐데, 그치?"

"내가 말하려고 했는데 생각이 나지 않았어요."

"아줌마는 은찬이가 아직 어려서 놀이터에 혼자 나올 거라는 생각
을 하지 못한 거 같아. 보통 여섯 살 아이는 엄마랑 함께 나오니까.
그런데 은찬이는 현관 비밀번호를 누를 수 있게 되었고, 집을 찾아
올 수 있고, 엄마가 집에 있으니 괜찮다고 한 거잖아. 그래서 엄마랑

약속하고 놀이터에 혼자 나가게 된 거고. 그렇지?"

"나 혼자 놀이터에서 놀다가 집에 갈 수 있는데, 그치 엄마?"

"당연하지. 엄마가 시계 준 거 볼 줄 알잖아. 짧은 바늘이 오와 육 사이, 긴바늘이 숫자 십을 가리키면 집으로 오기로 했었는데 아직 오 분 남았네. 집에 갈까? 더 놀다가 올래?"

"엄마가 이미 내려왔으니까 오 분 동안 엄마랑 시소 타면 안 될까요?"

"그래."

아파트 같은 라인에 사는 언니는 아이가 혼자 있는 모습을 보고 전화를 걸었다. 여섯 살 아이 혼자 놀이터에서 놀 리 없을 거라는 생각이 들었을 테고, 당연히 엄마인 내가 애타게 아이를 찾고 있을 거라 생각한 것이다.

'조금 빠른 것인가? 너무 아이에 대해 관심 없는 엄마라고 생각하진 않을까?'

이런저런 생각들이 스치기도 했다. 사실, 적당한 시기란 없다. 적절한 나이도 없다. 그저 아이가 준비되었을 때가 적기라고 생각했다. 혼자 아파트 현관 비밀번호를 누르고 문을 열었을 때 뿌듯해하던 아이의 표정을 잊을 수가 없다. 1층 출입구 비밀번호까지 섭렵한 아이는 혼자서 해보고 싶다고 말했다. 대여섯 번 연습하자 놀이터에서 노는 녀석을 물끄러미 바라보는 나를 향해 말했다.

"엄마, 집에 가 있어. 여기 있으면 나만 보고 있어야 하니까 집에 가서 엄마 할 일을 하는 게 나을 거 같아."

"진짜 괜찮겠어?"

"당연하지."

이렇게 시작한 놀이터 독립이었다. 어떤 날은 놀다가 경비실 아저씨한테 물을 달라고 했다고 의기양양하게 말했다. 야구하는 형님들 틈에 껴서 함께 놀기도 했다. 놀이터 근처 마트에서 음료수를 사서 들어가는 친구 엄마에게 먹고 싶다고 말했다는 이야기도 들었다.

남들이 생각하면 뭐 그럴 수도 있지, 라고 말할 수 있는 일이었지만 은찬이는 달랐다. 숫기가 없어서 인사조차 하지 못하는 아이였다. 늘 사람들을 만나면 숨기 바빴다. 미끄럼틀을 하나 타려고 하면 꼭 엄마가 두 팔 벌려 자신을 잡아줄 준비가 되어 있어야 자신의 몸을 던지는 아이였다. 놀고 있는 무리에 끼고 싶어 마음이 굴뚝 같아도 먼저 말을 붙이지 않았다. 늘 '엄마가. 엄마가'라는 말을 달고 사는 아이였다. 그런데 그런 아이가 변했다. 늘 망설이다 결국 하지 못하고 돌아서는 아이를 보는 나는 답답했다. 그런 아이가 친구에게 말을 걸고, 함께 놀자고 이야기한다는 것 자체가 상상이 되지 않았다.

아이는 여전히 음식점에 가서 "단무지 더 주세요"라는 말을 하지 못한다. "놀이터에서는 형아한테 말 잘하면서 왜 못 해?"라고 물으면 아이는 "그거랑 그건 달라"라고 답한다.

무슨 차이일까? 아이러니였다. 어쩌면 아이 뒤에 내가 있어서 망설였을지도 모른다는 생각이 들었다. 뒤에 '엄마'라는 든든한 백그라운드가 있었다. 굳이 스스로 하지 않아도 해주겠지 하는 마음이 아이를 머뭇거리게 한 것은 아닐까. 그런 엄마가 사라지고 나니 아이는 진짜 홀로서기를 시작했다. 걱정을 내려놓고, 마음을 내려놓고 아이를 바라보기로 했다.

아이는 내가 생각한 것 이상으로 단단했다. 그리고 스스로 해내는 그 모든 것에 의미를 부여했고, 자신감을 키워나갔다. 여덟 살인 지금, 스스로 놀이터 나갈지 말지를 결정한다. 그 모든 것이 엄마의 상황에 좌지우지되지 않고 아이의 마음에 의해 결정된다. 아이가 놀이터에서 놀고 있는 사이 나는 저녁을 준비하고 빨래를 개킨다.

요즘도 가끔 아이에게 묻는 사람들이 있다.

"너 혼자 나왔어?"

"네. 우리 엄마는 집에 있어요."

자주 나가다 보니 아이는 자신 있게 대답하게 되었다. 그런 자신을 보며 사람들이 신기해한다고 무용담처럼 말하는 녀석의 얼굴에 생기가 돈다. 나는 아이를 내버려두는 게 아니라 믿는 것이다.

A project to raise self directed kids

자립

: 도시락 프로젝트 – 아주 특별한 소풍

새벽 4시. 아이가 나를 흔들었다. 잠결에 만져보니 몸이 뜨겁다. 체온계로 재지 않아도 열기가 느껴질 정도였다. 더듬더듬 스마트폰을 찾아 화면을 터치했다. 새어 나오는 불빛에 잠시 미간을 찌푸리고 일어났다. 한참을 멍하니 앉아 있다가 이내 정신을 차리고 물을 떠와 아이에게 건넸다. 커피포트에 물을 끓이고 조그만 대야에 찬물과 적당히 섞은 후 라벤더 한 방울을 떨어뜨렸다. 내복까지 벗기고 몸을 닦아주었다. 평소 같으면 춥다고 난리를 쳤을 녀석인데 웬일인지 가만히 버티고 있는 게 아닌가.

"은찬아. 괜찮아?"

"참아야 열 내리고 열 내려야 소풍 갈 수 있잖아요."

아프면 꼭 열이 먼저 나는 아이였다. 편도가 약해서 늘 목이 부었고 열로 이어졌다. 태어나서 지금까지 입원을 네 번 했는데 네 번 다 열 때문이었다. 아이는 토끼 인형을 꼭 안고 말했다.

"안 아프다. 안 아프다. 갈 수 있다. 갈 수 있다."

스스로 주문을 외우는 아이를 안아주지도 못하고 바라봤다. 30분 동안 미지근한 물수건을 닦아줘도 여전히 38.5도, 내려가지 않는다. 해열제를 먹이고, 아이의 이마에 입을 맞췄다.

"엄마! 나 열 내렸어요. 제 기도를 들어줬나 봐요."

아이가 소리치며 문을 열었다. 나를 꼭 안는 아이의 팔에 설렘이 서려 있다. 시계를 보니 7시 30분이다. 아침을 준비해야 하나 도시락을 싸야 하나 고민하다 오늘은 안 될 거 같아서 마음을 접었다. 소풍날 버스 출발 시간은 9시, 적어도 집에서 8시 30분에는 출발해야 한다. 도시락 싸고 준비해서 나가기까지 정확히 1시간! 마음이 급했다. 다행히 예약을 걸어둔 밥은 고슬고슬 자태를 뽐내고 있었다. 할 일을 나눴다. 남편에게는 유부초밥을 부탁하고 은찬이에게는 전날 만들어둔 고추된장무침, 게살 샐러드, 단무지 무침을 통에 담으라는 지령을 내렸다. 나는 사과와 배를 깎아 모양틀로 찍어냈다. 세 명이 움직이니 30분 만에 완성되었다. 남은 유부초밥으로 아침밥을 대신하고 머리 감는 데 10분, 옷 입는 데 5분이 걸렸다. 혼자 준비를 마친 녀석은 이때부터 나를 닦달하기 시작했지만 꿋꿋하게 화장하고 집을 나섰다. 버스를 타는 아이 뒤통수에 행복이 묻어난다. 전날 소풍 도시락 목록 작성부터 혼자 해냈으니 얼마나 가고 싶었을지 짐작이 갔다.

어린이집 2년, 유치원 3년 차. 나는 소풍을 갈 때 늘 아이를 참여시켰다. 3살 때부터 메뉴는 아이가 정하게 했다. 김밥, 유부초밥, 주먹밥 늘 다양한 것을 주문하던 녀석이 벌써 이만큼 자랐다. 일곱 살이 되어 한글에 호기심을 갖기 시작했고, 받아쓰기한 지 얼마 되지 않았지만 스스로 장 볼 목록을 적어보게 했다.

'유부초밥, 과립 토마토, 물, 봉지과자, 큰 고추, 된장, 단무지, 적가락.'

국물이 없으니 숟가락은 필요 없단다. 한참을 웃었다. 유독 된장을 좋아하는 녀석이라 오이고추가 메뉴에 추가되었다. 이름을 몰라 '큰 고추'라 적었다. 작은 고추가 맵다는 사실을 알고 있다는 듯 의기양양하게 말한다. 아이가 목록을 들고 집 앞 마트에 갔다. 카트를 꺼내 마트 안에서 물건을 찾아 담기 시작! 엄마인 나는 한 발짝 뒤로 물러서서 아이를 바라보았다. 생각보다 꼼꼼하다. 유통기한까지 확인한다. 평소 내 모습이 아이에게 그대로 보인다. 피식 웃음이 났다. 고추를 고르다 도움을 요청한다, 내가 엄마에게 그랬듯이.

스스로 목록에 적은 것을 다 담으니 더 이상 초콜릿을 사달라거나 아이스크림을 먹고 싶다고 애교를 부리지도 않는다. 곧장 카운터로 직진해서 까치발을 하고 자기가 고른 물건을 올려놓으며 자신 있게 계산해달라고 말한다. 계산원 아줌마가 웃으며 물었다.

"소풍 가는가 보네."

"네, 김제 벽골제에 가요. 지푸라기 미끄럼틀도 탈 거고, 쌀도 털어 볼 거예요."

"쌀을 털어? 아, 나락을 터는 체험이 있나 보군."

"맞아요. 그거."

아이는 카드를 내밀었다. 그런 다음 장바구니에 하나씩 물건을 담았다.

"은찬아, 무거운 것부터 넣는 거야."

"왜 그래야 하는데?"

"왜 그럴까?"

"아! 알았다. 과자를 먼저 넣으면 부서지니까? 악! 내 과자."

물건을 다 꺼내고 다시 담는다. 다행히 다음 사람이 없어서 재촉하지 않고 지켜볼 수 있었다. 장바구니가 생각보다 무거워 보였다. 아이는 자기 몸만 한 장바구니를 들고 차로 향했다. 누가 보면 참 매정한 엄마라고 생각했을 거다. 낑낑대며 걸어가는 아이를 보며 나는 웃으며 차키만 들고 쫄래쫄래 따라갔다. 아이는 장 보는 게 이렇게 힘든 건지 몰랐다며 고맙다고 말한다. "그러니까 평소에 엄마한테 잘해요"라고 말하며 내 노고를 치하했다. 여기가 끝이 아니었다.

집으로 돌아와 물건을 정리하고 간단히 만들 수 있는 단무지 무침, 게살 샐러드는 아이 몫이다. 필요한 양념들을 좌르륵 꺼내놓고 방법을 설명해주었다. 스스로 만든 반찬은 더 맛있게 먹기에 포기할 수 없는 부분이다. 처음 했을 땐 고춧가루를 덜어내다 사방에 튀었다. 꿀을 넣다가 먹다가 다시 숟가락을 꿀통에 담그는 불상사도 일어났다. 인내의 시간을 거쳐 이렇게 멋지게 해내는 아이를 보니 대견했다. 참고 기다린 내가 너무나 대견했다. 요리하고 접시에 담는 것까지 다 하고 나서 또 아이가 할 일이 있는지 물었다. 만든 김에 저녁 반찬으로 먹고, 소풍 가서 쓸 미니 수첩과 볼펜까지 챙기고 나서도 괜찮았다. 그러다가 갑자기 오후가 되자 열이 나기 시작하는 것이다.

아이의 간절한 마음이 병도 낫게 했나 보다. 마음이 참 중요하다는 생각이 들었다. 사실 소풍은 엄마에게 스트레스이다. 새벽부터 일어나서 준비하는 게 여간 힘든 일이 아니다. 다른 아이에게 뒤처질까 봐 연신 '캐릭터 도시락, 예쁜 도시락 싸는 법'을 인터넷에 검색한다. 나 역시 초반에는 그랬다. 소시지로 문어를 만들고 빨대로 눈 만들고 김을 잘라 눈동자를 만드는 고도의 기술을 발휘하여 스스로 뿌듯한 도시락을 쌌다. 미니언즈, 리락쿠마, 스펀지밥 예쁘게 만들어 들려 보내고, 소풍 다녀온 아이를 붙들고 친구들과 선생님의 반응을 물었다.

"엄마, 도시락 뒤집혀서 모양 다 흐트러졌어. 미니언즈가 있었어?"

152

그때 깨달았다.

'내 욕심이었구나.'
'내 만족이었구나.'

투박하지만 아이는 자기 스스로 만든 도시락을 더 소중히 여긴다
는 사실을 아이를 통해 배웠다. 이렇게 만든 도시락을 들고 아이는
뛰지 않았다. 가방을 던지지 않았다. 남기지 않았다. 이로써 엄마는
더 이상 새벽에 혼자 일어나지 않아도 되었다.

Chapter 3

엄마의 말에도
사용법이 있다

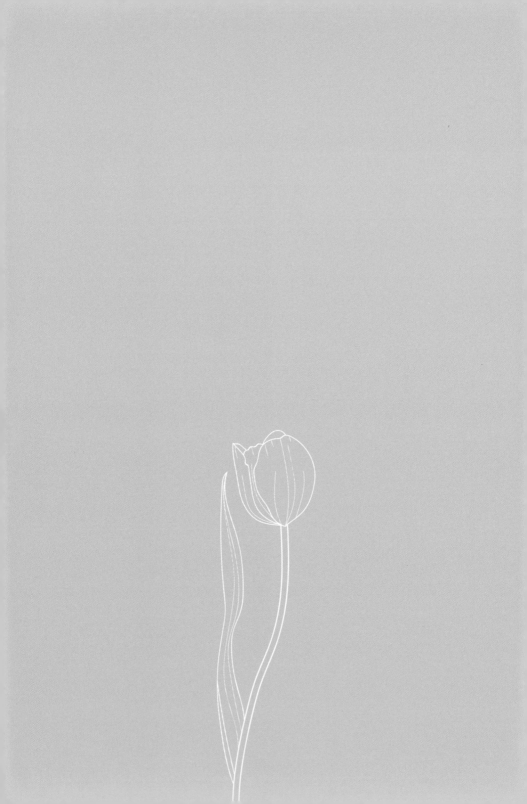

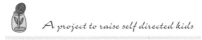

'나'로 시작하기

: 감정을 다스리는 우아한 엄마가 되다

"엄마가 하지 말랬지. 그니까 왜 자꾸 만져. 다시 집에 갈 수도 없는데 어떡해."

"집에 가서 다시 그리고 오면 안 돼요?"

"그냥 가. 시간 없어."

아이는 한 달 전부터 핼러윈 파티 준비에 들떠 있었다. 핼러윈 의상을 직접 만들어서 입고 싶다기에 부직포를 사 직접 재단하고 바느질까지 시도했다. 물론 엄마는 도와주고, 아이가 주도적으로 콘셉트를 정해 옷을 만들었지만 그게 더 힘에 부쳤다. 엄마인 내가 하면 잠깐이면 될 것을 손이 여물지 못한 아이의 만들기를 기다려주려니 속이 터졌다. 여차여차해서 결국 멋진 턱시도 의상과 가면, 모자까지 만들었으니 얼마나 뿌듯했을까. 짐작이 된다. 의상 준비가 끝나자 아이는 분장을 하고 싶어 했고, 난생처음 페이스 페인팅을 시도했다. 손에 거미 무늬와 박쥐무늬를 그리고, 얼굴은 온통 하얀색 바탕에 커다란 입, 빨간 눈을 그려 완성했다. 집에서 파티장으로 가는 사이 아이는 얼굴이 가려워 입 주위를 벅벅 긁었나 보다. 차 타고 가면서 얼굴 만지지 말라는 말을 했건만! 도착해서 차에서 내리는 순간, 얼굴에 그린 페인팅의 1/3 정도가 벗겨져 있었고 나도 모르게 화가 났다. 한 시간 동안 공들인 분장이 지워진 걸 보자 속이 상했다. 내 마음속에 완벽해야 한다는 생각이 여전히 자리 잡고 있었다. 나도 모르게 툭 튀어나온 한 마디.

"엄마가 하지 말랬지! 이게 뭐야 진짜."

아이는 그대로 얼음, 움직이지 않고 내 말을 듣다가 시간이 다 되어 파티장으로 들어섰다.

내 감정이 앞서서 아이의 말을 듣지도 않고 퍼부었다. 아무 말도 하지 않던 아이가 파티장에 들어간 지 10분도 지나지 않아 연락이 왔다. 배가 아프다고 말하는 아이를 데리고 집으로 돌아오는 길, 뭔가 느낌이 이상했다. 집에 들어오자마자 아이는 괜찮아졌으니 다시 가면 안 되냐고 물었다. 순간 아이의 감정을 읽었다.

"은찬아, 아까 엄마가 분장 지워졌다고 화내서 속상했어? 그래서 다시 분장하고 돌아가고 싶은 거야?"

158

아이는 울음을 터뜨렸다.

"엄마가 힘들게 그려준 걸 내가 망친 거잖아요. 그래서 엄마가 화가 난 거잖아요. 내가 일부러 그런 것도 아닌데 엄마가 그렇게 말하니까 내 마음이 너무 힘들었어요."

"까짓것, 지워져도 괜찮은데 엄마가 생각이 짧았네. 아까는 은찬이가 더 속상했을 텐데 엄마가 화내서 미안해. 엄마는 은찬이가 조금 더 완벽하길 바라는 마음이 컸나 봐. 의상 페스티벌에서 일등 안 해도 되는데 엄마 마음속에 욕심이 있었나 봐. 그냥 그 파티를 즐기면 그만인데, 욕심이 앞서 화가 났던 것이고, 그 화를 은찬이 탓으로 돌려버렸어. 이건 엄마가 잘못했어. 미안해."

"괜찮아요. 나도 엄마 마음 몰라줘서 미안해요."

"그럼 우리, 우리끼리 할로윈 파티할까? 아빠랑 엄마랑 은찬이랑"

"네, 좋아요."

내 마음이 '아차' 하는 순간이 있다. 내 욕심에 아이의 마음을 들여다보지 못한 그날의 일은 순간순간 나를 다스리는 힘이 되었다.

아이가 내 뜻대로 되지 않아 속상했던 경험을 가만히 들여다보면 그 상황을 아이 때문이라고 인식했던 적이 많았다. 문제의 원인이 아이에게 있다고 생각했으니 당연히 아이에게 화가 났다. 화가 나고 짜증 나고 속상한 마음이 그대로 아이에게 흘러갔고, 아이는 엄마의 화를 받아내야 했다. 엄마 감정의 쓰레기통이 되어버린 아이는 또다시 상처를 받게 되고, 관계는 틀어진다. 속상한 마음을 '나'로부터 시작했다면 아이는 엄마 마음을 알아차리고 자신의 행동을 돌아봤을 것이다. 그날 "너는 도대체 왜 그러니?"라는 말 대신 "엄마가 한 시간 동안 힘들게 그려준 건데 네가 분장을 지워버려서 엄마가 속상했어"라고 말했다면 상황은 달라졌으리라.

화가 날 땐 한번 심호흡을 하고, 한 발짝 물러서서 상황을 객관적으로 바라보는 것이 필요하다. 그게 진짜 아이 때문인지, 내 욕심 때문인지 1분만 생각해보자. 엄마의 욕심을 아이에게 투영해서는 안 된다는 게 내 생각이다. 아이는 직감적으로 알아차린다. 진짜인지, 가짜인지. 아이와의 갈등 상황에서 나는 딱 하나만 생각했다.

'너'가 아닌 '나'로 시작하기!

"너 때문에 내가 못 살아"가 아닌, "엄마는"으로 말문을 트면, 아이는 막아둔 문을 열고 엄마의 이야기를 들어준다. 그리고 자신의 선택에 따라 행동한다.

"책 좀 봐라. 공부해서 남 주니? 다 너 잘되라고 하는 말이야. 제발 말 좀 들어라."

학교에 들어가면 부모에게 가장 많이 듣는 말이다. 그런데 가만히 생각해보면 이 말엔 모순이 있다. 공부하라고 말하는 엄마의 말 속에 엄마의 욕심이 녹아 있다. 그리고 부모의 뜻대로 아이를 움직이게 하겠다는 강한 의지가 숨겨져 있다. 아이가 만약 부모의 뜻대로 책을 폈다고 해도, 분명 오래 지속하기 어려울 것이다. 스스로 마음속에서 우러나와서 하는 공부가 진짜 공부다. 스스로 선택할 수 있게 유도하는 것이 엄마가 할 수 있는 최선이다. 단, 아이가 눈치채지 못하게!

"엄마는 은찬이가 숙제를 했으면 좋겠어. 숙제는 선생님과 은찬이 사이의 약속이거든. 어때? 할 수 있겠니?"

이렇게 말하며 아이를 믿어주는 우아한 엄마가 되려고 노력 중이다. 물론 이렇게 말했다고 100퍼센트 아이가 내 말을 들어주는 것은 아니다. 아이가 싫다고 하면 과감하게 내 욕심을 내려놓았다. 피곤해하는 아이에게 억지로 숙제를 시키려 하지 않았다. 숙제를 반드시 해야 한다는 것은 엄마의 논리이다. 꼭 하지 않더라도 세상이 무너지는 것은 아니니 조금의 유연함도 필요하다. 죽고 사는 문제가 아니라면 아이의 선택을 존중해주는 여유도 때론 필요하다.

A project to raise self directed kids

진짜 공감

: 아이의 모든 행동에는 이유가 있다

학교에서 근무할 때 비폭력 대화를 배웠다. '관찰-느낌-욕구-부탁' 4단계에 맞춰 대화를 연습하고 상대에게 적용해보는 심화 연수까지 받았는데 실전에서 사용하려니 어색했다. 미국식 대화를 그대로 가져와 적용했으니 평소의 대화와는 거리가 있었다. 손발이 오그라드는 경험을 하고 나니 자꾸만 뒷걸음쳤다. 내가 어색했는데 내말을 듣는 아이들은 오죽했을까.

이론적으로 참 좋은 방법이라는 것은 알겠는데, 아무래도 스스로 마음 수련이 필요했다. 내 감정을 억누르고, 아이들의 감정을 읽어주고, 원하는 것을 찾아내고, 부탁하기까지 진득한 인내심이 필요했다. 실제로 학교 현장에서 다른 사람의 감정을 읽어주다 보니 내 마음이 다쳤고, 가슴속에 화가 쌓여갔다.

"아, 그랬구나"라는 말 속에 진심이 없었다. 머릿속으로는 '니가 어떻게 그럴 수 있어? 인간이라면 그러면 안 되지'라는 생각들로 가득 차 있는데 말로만 공감하려니, 밖으로 비집고 나오려는 내 감정을 억누를 수밖에 없었다. 억눌린 감정은 참고 참다 어이없는 순간에 전혀 상관없는 사람에게 튀었다. 사람의 감정은 누른다고 사라지는 것이 아니었다. 눈덩이처럼 불어 한꺼번에 터졌다. 문제는 그것이었다. 나는 '화'가 높은 곳에서 낮은 곳으로 흐른다는 사실을 간과했다. 참았던 화가 내 아이에게 흘렀다.

"말 좀 들어. 엄마가 몇 번을 말해. 한 번 말할 때 제발 좀 들어. 엄마가 뭐 하라고 했어. 씻고 가방 정리하랬지. 물은 또 어디서 떠 온 거야. 너는 도대체 누굴 닮아서 말을 안 듣냐. 너 때문에 힘들어. 힘들어 죽겠다고."

아이가 말할 틈도 주지 않고 막 쏟아냈다. 집으로 오자마자 옷도 벗지 않고 유치원에서 가져온 과학 키트를 꺼내 실험을 해본다고 하

다 컵의 물을 쏟았다. 아침에 못 한 설거지를 하다 뒤돌아봤는데 순간 화가 나를 덮쳤다. 평소 같으면 아무렇지 않게 웃으며 닦으라고 말했을 것이다. 하지만 학교에서 몸과 마음이 소진된 상태로 집에 가니, 아주 사소한 일인데 왈칵 화가 났다. 이성을 잃어 화내고 나니 후회가 물밀 듯 밀려왔다. 생각해보면 별일도 아니었는데, 화를 낸 나 자신이 죽도록 미웠다. 아이는 얼마나 무서웠을까. 내가 이것밖에 안 되는 사람인가 싶어 무너져내렸다. 저녁을 먹고 집 정리를 하고 누웠다.

"은찬아, 오늘은 도저히 엄마가 책을 읽어줄 수 없을 것 같아. 오늘만 책 읽지 말고 그냥 자자. 엄마가 오늘은 학교에서 너무 힘들었나 봐. 은찬이가 조금만 이해해줘."

"응, 엄마, 미안해요. 이제 엄마 말 잘 들을게요."

분명 내가 잘못한 일인데 미안하다는 아이 말을 들으니 마음이 찢어졌다. 말하면서 눈물을 보이는 아이를 품에 안았다. 아이는 내 품에서 잠들었고, 울다 잠든 아이를 붙들고 미안해서 또 울었다.

이건 아니다 싶었다. 누군가의 희생 위에 이루어진 공감은 의미가 없었다. 다른 사람의 감정이 소중하듯 내 감정도 소중했다. 내 감정이 다친다면 이는 결코 오래가지 못하리라. 잠시 멈춰 나를 보았다. 진심으로 상대의 행동을, 상대의 마음을 공감하지 못한다면 그건 거짓이었다. 껍데기일 뿐이었다. 힘든 내 마음이 자꾸 밖으로 새어나갔다. 말로만 하는 공감은 상대의 마음을 움직이지 못했다.

'비폭력 대화', '공감' 다 알겠는데, 좋다는 것 머리로는 알겠는데 정녕 마음으로 와닿지 않았다. 왜 그럴까 생각하다 깨달았다. 사람에 대한 이해가 밑바탕에 깔려 있지 않다면 진심으로 공감할 수 없다는 사실을. 대화의 기술이 중요한 것이 아니라 공감하는 마음, 그 자체에 더 큰 힘이 있다는 것을.

내가 담임으로 함께했던, 어느덧 중학교 3학년이 된 아이가 어느 날 뜬금없이 내게 말했다.

"선생님, 저 학교 자퇴할래요."

이 말을 들었을 때 부모라면 아이에게 뭐라고 했을까?

"니가 미쳤지. 정신이 있어 없어. 뭐 먹고살려고 그래. 뭐가 부족해서 그래. 어디까지 갈 건데? 내가 공부를 하라고 했어, 돈을 벌어 오라고 했어. 그냥 아침에 일어나서 학교 갔다 오는 게 뭐가 그렇게 힘들다고 그래. 안 돼. 절대 안 돼. 안 되니까 그런 줄 알아."

아이의 엄마가 한 말이었다. 아이의 말은 들어볼 생각도 하지 않고 엄마의 말만 쏟아내고 결론지었다. 안 된다고!

"니가 모르나 본데 중학교는 자퇴가 안 돼. 의무교육도 모르냐? 대한민국 국민은 중학교까지 다니는 게 의무라고."

아이의 친구가 한 말이었다. 현행 제도에 관해 이야기하며, 결국 안 된다는 이야기로 결론을 지었다.

"세상이 그렇게 호락호락한 줄 알아? 초등학교 졸업장 가지고 뭘 할 수 있는데? 니가 나가서 일을 해봐야 정신을 차리지. 학교에서 선생님들이나 니가 잘못해도 용서해주고 봐주지. 사회 나가봐라, 얼마나 힘든지. 사회생활을 하면서 고생 좀 해봐야 학교가 얼마나 좋은지 알지. 사고 치고 겁나니까 그러지? 제발 그러니까 조용히 좀 학교 다녀."

아이의 담임 선생님이 한 말이었다. 늘 사고만 치고 문제만 일으키는 아이가 갑자기 폭탄선언을 하니 선생님 입장에서 훈계하고 타이르기 위해 한 말이었다.

"무엇 때문에 그래? 선생님한테 왜 그런 마음이 들었는지 이야기해줄 수 있겠니?"

내가 건넨 이 한마디에 아이는 울었다. 한참을 꺽꺽 울더니 이야기를 시작했다. 아이는 진짜 자퇴를 할 생각이 아니었다. 자신의 힘든 마음을 알아달라 소리치고 있었던 것이다. 힘들다고 도와달라고 손을 뻗었지만 아무도 관심을 갖지 않자 극단적인 표현을 썼다.

그때부터 나는 이유를 묻기 시작했다. 사람의 모든 행동에는 이유가 있으니 그 이유를 아이가 말할 수 있게 기다려주고 들어주었다. 그것이 내가 할 일이었다. 그 밑바탕에는 사람에 대한 믿음이 전제되어야 한다. 근본부터 악한 사람은 없다. 누구나 착한 마음을 가지고 있고, 결과만 보면 악해 보이는 것들도, 옳지 못한 행동도 시작은 그렇지 않았을 거라고 믿었다. 입을 닫고 아이들의 이야기를 들으니 진심으로 공감할 수 있었다. 학교에서 일이 생기거나 학생들 사이에 문제가 발생했을 때 내가 아이들에게 물어보는 첫마디는 '이유'이다.

우리는 흔히 잘못된 행동을 했을 때 행동과 사람을 분리하지 못해 나쁜 사람이라고 쉽게 규정해버린다. 그리고 더 쉽게 그 아이는 나쁜 아이라고 낙인찍는다. 나쁜 짓을 했으니 벌을 받는 것이 당연하고, 벌을 받아야만 자신의 잘못을 뉘우치고 다시는 그 행동을 하지 않을 거라고 생각한다. 하지만 실제로 벌을 받으면 뉘우치기보다 오히려 원한이 쌓인다. 자신의 행동을 돌아보는 것이 아니라 벌을 준 사람을 원망하고 미워하고, 마음이 삐뚤어진다.

행동을 고칠 방법은 처벌이 아닌 '마음 읽기'이다. 아이를 벌주려는 마음을 내려놓고, 아이의 마음을 읽으려고 노력하니 의외로 문제는 쉽게 풀렸다. 나는 아이들의 잘못된 행동을 꼬집고 그에 따른 처벌을 하려던 것이 아니라, 스스로 뉘우치고 다시는 그런 일이 되풀이되지 않도록 돕는 것에 초점을 맞췄다. 아이들은 자신을 진심으로 믿어주는 사람을 위해 더 나은 모습을 보여주려 애썼다. 더 이상 내 마음도 다치지 않았다. 거짓 공감 따위를 벗어던지니 다시 자유로워졌다.

며칠 전 유치원에서 전화가 왔다. 은찬이가 친구를 손톱으로 꼬집어서 다른 친구 팔에 상처가 생겼다는 것이다. 선생님의 이야기를 듣고 가슴이 철렁했다. 집으로 와서 아이와 눈을 맞추고 물어보았다.

"은찬아, 엄마가 오늘 선생님한테 전화를 받았어. 엄마는 선생님의 이야기도 중요하지만, 은찬이의 말이 듣고 싶어. 왜 그랬는지 말해줄 수 있어?"

"아니, 내가 그럴려고 그런 게 아니라, 친구가 내가 볼펜으로 만든 팽이를 자꾸 뺏어가서 내가 하지 말라고 했는데."

"아, 은찬이가 소중하게 생각하는 팽이였는데 친구가 뺏어갔구나."

"내가 그러지 말라고 말했는데 나한테 메롱 하고 또 가져간 거야. 그래서 하지 말라고 말했어요."

"그렇게 말한 건 훌륭해. 그런데?"

"처음에는 화가 났지만 참았어요. 그런데 친구가 내 팔을 꼬집었어요. 장난이라고 하면서."

"아팠어? 아님 친구가 꼬집는 게 싫었어?"

"엄청 아픈 건 아니었는데, 하지 말라고 한 번도 아니고 두 번이나 말했는데 계속해서 나도 꼬집었는데 피가 났어요."

"아, 그랬구나. 은찬이도 친구 보면서 놀랐겠다."

"그래서 미안하다고 했어요."

"잘했어. 미안하다고 말할 수 있는 것도 용기야. 용기 내서 친구에게 말해준 건 훌륭해. 은찬아, 그런데 다음번에 또 그런 일이 생기면 어떡하지?"

"음······ 그땐 선생님께 도와달라고 말할게요."

"그래, 좋은 생각이다."

아이 손을 보니 손톱이 길어 있었다. 아이 손톱을 잘라주고, 꼭 안아주었다. 그리고 조금만 생각해보면 다른 사람에게 해를 끼치지 않으면서 은찬이가 원하는 것을 찾아낼 방법이 있다는 사실을 말해주었다.

책을 읽거나 교육을 받을 때 우리는 그것이 정답인 양 착각하거나 맹신할 때가 있다. 책을 쓴 전문가도 시시각각 변한다. 세상 모든 이론은 그것을 주장한 사람의 주관적 해석이다. 그렇기에 완벽한 이론이란 없다고 생각한다. 아무리 완벽한 것이라도 상황에 따라, 사람에 따라 다르기에 그대로 적용하는 것은 불가능에 가깝다. 책에 적힌 정답 아닌 정답을 지침 삼아 육아에 적용하다 보면 현실에 맞지 않는 것들이 있다. 분명 엄마도 화나고 아이도 짜증 나는 상황인데, 이 악물고 입으로만 공감하는 상황이 오히려 육아를 지치게 한다는 것을 아이를 키우며 알게 되었다.

완벽한 육아란 없다. 완벽한 엄마도 없다. 그래서 완벽한 엄마가 되기 위해 나 자신을 틀에 가두지 않으려 했다. 아이와 함께하는 시간 속에서 진짜 마음으로 공감하지 못한다면 억지로 하지 않았다. 껍데기뿐인 공감은 오히려 아이의 마음을 다치게 했고, 내 마음을

힘들게 한다. 그래서 나는 늘 내 마음이 다치지 않게, 내 마음을 가장 먼저 들여다보았다. 아이의 행동이 도저히 이해되지 않고 마음으로 공감이 되지 않을 때, 나의 최종병기 출동! 그냥 안아주었다. 때론 백 마디의 말보다 한 번의 스킨십이 사람의 마음을 움직인다.

어느새 훌쩍 커버린 아이, 아이의 내복을 보며 세월을 실감한다. 이제 그만 컸으면 좋겠다고 생각한 순간 아이의 마음도 머리도 꽤 많이 커 있었다. 아이는 컸는데 엄마가 자라지 못해 보지 못한 것 아니었을까. 내가 아이를 키우며 알게 된 단 하나의 진실은, 그 어떤 것도 억지로 하게 할 수는 없다는 거다. 스스로 할 때 더 잘할 수 있고, 더 멀리 날 수 있다. 아이의 힘을 믿고 기다려주는 것, 그게 내가 해야 할 일이었다.

대화 시뮬레이션

: 건강한 대화법을 가르치다

나는 살면서 건강하게 대화하는 법을 배우지 못했다. 부모님 역시 먹고사느라 바빴고, 사는 것조차 힘들었던 시대였기에 더 그랬으리라. 어쩌면 지금 시대의 아이들도 부모 세대의 소통방식을 그대로 답습하며 상처받고 상처 주며 살고 있는 것은 아닐까. 대화는 누군가로부터 교육받아야 하는 것이라고 생각하지 않는다. 우리는 태어나면서 절로 말하게 되었고, 그랬기에 굳이 배워야 한다고 인지하지 못한다. 한글 떼기는 있지만, 대화 떼기는 없는 것처럼.

사람과 사람 사이에서 인식하든 인식하지 못하든 우리는 언어적 폭력에 노출되어 있다. 물리적 폭력은 심각성을 인지하고 줄이기 위한 노력을 하는 반면, 언어적 폭력은 암암리에 이루어지며 나도 모르게 물드는 경우가 많다. 또한 폭력을 행사할 때 그것이 정당한 것이며, 폭력을 통해 합당한 벌을 내린 것이라 착각하게 된다. 내가 학교 현장에 있으면서 가장 안타까웠던 것은 그런 부분이었다. 아이들이 대화하는 법을 몰라 생채기를 내고 아파하는 모습을 보며 상대를 이해하고 건강하게 자신을 표현하는 과정을 가르치려 노력했다. 물론 교과 수업 시간 외적으로 아이들과 만나야 했기에 시간적 한계가 있었고, 그럼에도 대화법을 알려주려고 노력했다.

대화는 삶이다. 우리는 하루 중 대부분을 말하고 들으며 살아간다. 그렇게 살아온 시간이 길수록 말하기 방식을 바꾸기란 쉽지 않다.

우리가 상처받는 말들은 뒤에서 거래되는 경우가 많다. 이른바 뒷담화. 동방예의지국인 대한민국은 예의라는 이름 아래, 배려라는 이름 아래 면전에 대고 불편한 이야기를 하는 것을 꺼린다. 감정이 상하고 마음이 다쳐도 얼굴을 맞대고 말하는 건 쉽지 않다. 말하지 않고 가슴 속에 담아두자니 속상한 마음을 어딘가에는 풀고 싶어진다. 그래서 가장 믿었던 친구에게 나의 마음을 이야기하게 되고, 듣고 있는 사람은 말하는 사람에게 동조하는 것이 위로라고 착각한다. 애초에 화살표가 잘못 향하고 있는 것이다.

A에게 속상한 마음을 정작 A에게는 말하지 못하고 A를 알고 있는 B나 C에게 토로하게 되고, B나 C는 나의 말만 듣고 A를 오해하고 미워한다. 이게 소위 이간질이 된다. 시간이 흘러 B나 C가 A에게 말

하거나 또 다른 누군가에게 말하게 되면 그 이야기는 흘러 흘러 꼭 A의 귀에 들어가고 만다. 여러 사람을 거친 이야기는 변형되고 바뀌어 새로운 이야기를 만들어내고 그 말을 들은 A는 억울함과 속상함에 휩싸인 채 배신감을 느끼는 사이클이 반복되는 것이다.

건강한 대화의 시작은 제대로 된 방향에서 출발한다. 돌고 돌아 내 이야기를 전하는 것이 아닌 직접 당사자에게 이야기하는 것이다. 직접 말할 수 없다면, 편지나 메일로 속상한 마음을 전하는 것이 어떨까. 들은 것으로 판단하는 것이 아닌 내가 본 그대로를 전하고 내가 속상한 부분을 전달하면 오해가 싹트는 것을 막을 수 있다. 직접 당사자에게 서운함을 전할 땐 내가 관찰하고 본 것을 중심으로 내 마음을 전하는 것이 좋다.

"너 왜 나 째려보고 갔어?"가 아니다.

"어제 네가 급식실에서 날 본 것 같았는데 그냥 지나쳐가더라고. 내가 먼저 인사를 못 해서 아차 싶기도 했는데 네가 그렇게 가고 나니 내 마음이 불편하더라. 혹시 나한테 서운한 게 있으면 말해줄래?"

그러면 상대도 자신의 행동에 대해 설명해줄 수 있을 것이다. 상대의 행동을 판단하고 비판하고 분석하고 비교하고 비난하지 않고 물어만 봐도 대화는 자연스레 이어질 수 있다.

그래서 대화에도 연습을 통한 훈련 과정이 필요하다.

아이를 키우다 보면 친구 문제로 힘들어하는 경우가 참 많다. 아이가 자람에 따라 더 많아질 거라고 생각한다. 아직 유치원생 부모는 크게 와닿지 않겠지만, 초등학교 중학교 고등학교에 들어감에 따라 교우관계 때문에 학교생활이 좌지우지되는 걸 경험할 것이다. 친구 때문에 고통의 시간을 보내지만 말 못 하고 혼자 끙끙 앓는 경우가 대부분이다. 친구 문제는 복잡하고 예민해서 선생님이나 부모가 억지로 해결할 수 없다.

"그 애랑 놀지 마."

최근 들어 엄마가 나서서 아이의 친구관계를 가지치기하거나 관여하는 경우를 많이 보았다. 아이의 일이 엄마의 일인 양 해결해주려 한다. 아이 때문에 애꿎은 어른들 싸움이 되기도 한다. 어떤 친구가 싫다고 회피하거나 끊어버리는 방식으로 문제를 해결할 경우 아이는 늘 상황을 직면하지 못하고 회피하거나 눈을 감게 될 것이다. 이런 해결방식이 반복되면 아이는 새로운 인간관계를 맺을 때 조금만 힘들면 포기하게 된다. 안 보면 그만이라는 방식은 주먹구구식이라 언젠가 크게 터지거나, 외톨이로 전락할 가능성이 크다. 또한 위험한 발상이다. 아이를 좋은 것들만 골라 넣어둔 온실 속에서 평생 키울 수는 없다. 아이가 친구 문제로 힘들어할 땐 그저 들어주는 것만으로도 힘이 된다. 무엇이 힘든지, 무엇 때문에 문제가 일어났는지 아이 스스로 생각하게 해야 한다. 아이는 이미 자기만의 답을 가지

고 있을 것이다.

나는 아이의 이야기를 들어주는 것에서 한 단계 나아가 아이의 대화 상대가 되어주었다. 예를 들어 친구와 다툼이 일어났을 경우, 친구에게 사과하는 말도 연습하게 했다. 엄마인 내가 친구 역할을 맡아 아이를 연습시키는 것이다. 어리면 어릴수록 대화 시뮬레이션은 중요하다.

"내가 알아서 말할게요. 미안하다고 할게요"라고 말하는 아이의 대부분은 제대로 된 사과를 하지 못한다. 본 적도 해본 적도 없으니 당연하다. 개미 소리로 쓱 지나가며 "미안해"라고 툭 던지고는 사과했다고 말하기도 하고, 뚱한 표정으로 상대를 보며 억지로 "미안해"라고 말하는 경우도 많다. 알겠지만, 이런 사과는 안 하느니만 못하다. 우리는 언어적인 표현보다 표정, 말투, 억양, 태도 등 비언어적 요소에 훨씬 더 집중한다. 그런데 당사자는 스스로를 잘 보지 못한다. 그러니 엄마와 연습이 필요하다.

"은찬아, 엄마가 태건이라고 생각해. 미안하다고 말해볼래?"

"태건아, 미안해."

"뭐가?" (아이의 친구 역할이라면 말투도 비슷하게 해야 한다.)

"그냥 미안해."

"은찬아, 그렇게 말하면 친구가 은찬이 마음을 잘 모를 거야. 친구를 만나면 일단 마주 보고, 손을 잡고 이야기하면 더 좋고, 그게 힘들면 눈을 마주치며 말해야 해. 은찬이 진심을 친구가 알 수 있게. 엄마가 한번 해볼게."

"응."

"태건아, 어제 나는 빨간색 색연필이 꼭 필요했거든. 그래서 니가 빌려달라고 했을 때 안 된다고 말한 거야."

"맞아, 엄마. 근데 태건이가 갑자기 울어서 미안했어."

"그럼 엄마가 태건이라고 생각하고 말해볼래?

"태건아, 내가 어제 빨간색 색연필이 꼭 필요해서 못 빌려준 건데 나눠주지 못해서 미안해."

"은찬아, 너도 색연필이 필요해서 그런 거였구나. 나도 몰랐어. 미안해."

이렇게 건강하게 대화하는 방법을 어릴 때 연습하는 것이 필요하다. 내 아이의 속상한 감정만을 앞세워, 내 아이가 다칠까 봐 상대를 나쁜 아이로 규정짓는 것은 참으로 위험한 발상이다. 행동이 잘못된 경우는 있지만 사람 자체가 나쁘다고 판단하지는 말자. 내 아이가 소중한 만큼 다른 집 아이도 소중한 법이다. 자신의 가치관과 다르다고 해서 틀린 것은 아니다. 옳고 그름의 문제를 떠나 모든 아이의 행동에는 그만한 이유가 있다고 생각하고 그 아이가 무엇 때문에 그랬는지 이해하려 한다면 생각보다 문제는 쉽게 풀릴 것이다.

내가 아이들을 볼 때 가지는 마음이 늘 문제 해결의 실마리가 되었다. 아이가 뭘 잘못했는지를 보며 잘잘못을 따지는 것보다 아이가 무엇을 원했는지, 무엇을 하고 싶어서 그런 행동을 했는지를 생각했다. 어른들의 섣부른 판단이 아이들에게 상처가 되지 않았으면 좋겠다.

게으른 부모

: 자신의 질문에 스스로 답하게 하다

"엄마, 약속을 안 지키는 거랑 말을 안 듣는 거랑 뭐가 더 나빠요?"

"은찬이는 어떻게 생각하는데?"

"음…… 내가 모르겠어서 엄마한테 물어보는 거예요."

불과 몇 달 전만 해도 아이의 질문을 되받아 다시 물으면 아이는 답을 생각하느라 심각한 표정으로 침묵했다. 게으른 엄마가 가장 많이 사용한 방법은 거울 기법이었다. 아이의 질문을 다시 되돌려 반문하는 것만큼 쉬운 것이 어디 있으랴. 아이는 진짜 엄마의 답이 궁금해서라기보다 자신의 말을 하기 위해 물어보는 경우가 많았다. 그렇기에 다시 자신의 의견을 물어봐주는 엄마가 고마웠으리라.

그새 아이의 머리가 굵어졌다. 엄마의 의도를 눈치챘나 보다. 피식 웃으며 다시 말했다.

"은찬아, 오랑 십 중에서 뭐가 더 큰 수야?"

"당연히 십이죠."

"이걸 지나가는 사람 백 명한테 물어보면 어떤 답이 나올까?"

"완전 애기들 빼고는 다 십이라고 말할걸요. 이건 너무 쉽잖아요. 이거 모르는 사람이 어디 있어요."

갑자기 쉬운 산수를 물으니 너스레를 떤다. 당연한 걸 물으니 아이는 시시하다는 듯 대답한다.

"할머니한테 약속을 안 지키는 거랑 말을 안 듣는 거랑 뭐가 더 나쁜지 물어보면 뭐라고 답하실까?"

"저번에 엄마랑 시장 가자고 약속했는데 우리가 늦게 나가서 할머니 화 많이 났잖아요. 할머니는 약속 안 지키는 게 더 나쁘다고 할 거 같아요."

"유치원 이수영 선생님은 뭐라고 하실까?"

"선생님은 말 안 듣는 거 엄청 싫어해요. 어제 김건우가 선생님 말 안 듣고 계속 장난치다가 김하은 손가락에 상처 나서 혼났거든요."

"은찬아, 그럼 은찬이는 뭐가 더 나쁜 거 같아?"

"아빠가 샤워하고 나랑 싸움놀이 하기로 했는데 늦었다고 자야 한대요. 저는 싸움놀이 꼭 하고 싶거든요. 아빠가 약속을 안 지킨 건 진짜 나쁜 거 아니에요? 저번에 아빠가 내가 말 안 들어서 힘들다고 했는데 아빠도 내 말 안 들어주는 거 같아서 슬퍼요. 내가 세 번이나 이렇게 말했는데 아빠가 안 된다고 했어요."

웃음이 나오는 걸 간신히 참았다. 아이는 자신의 말에 힘을 실어줄 아군이 필요했던 거다. 의도를 가지고 질문을 했다는 사실이 놀라웠다. 내 아이의 생각이 이렇게 자라고 있다는 생각에 '엄지척'을 해주고 싶었지만 올라오는 감정을 꾹꾹 누르고 다시 말을 이어 갔다.

"은찬이가 물어본 말은 정답이 있을까?"

"정답이 무슨 말이에요?"

"일 더하기 이는 뭐야?

"삼이죠."

"맞아. 이처럼 아무리 많은 사람에게 물어봐도 똑같이 답하는 걸 정답이라고 해. 그런데 아까 은찬이가 물어본 말에 할머니, 선생님, 은찬이의 대답이 다 달랐잖아. 그건 정답이 있는 질문일까?"

"아, 그럼 사람마다 생각하는 게 다르니까 정답이 없다는 거예요?"

"정답!"

엄마에게 걸려들었다. 엄마가 편을 들어주지 않아 시무룩할 줄 알았는데 '정답'이라는 엄마의 말에 신이 났다. 자기가 세상 이치를 다 아는 어른마냥 '나 이정도야'라는 표정으로 엄마를 본다. 참 단순한 녀석이다. 나는 다시 아이의 마음을 읽어주었다.

"은찬아. 아까 아빠가 은찬이랑 약속 지키지 않아서 속상했어? 은찬이는 샤워하고 나서 아빠랑 싸움놀이를 하려고 했는데 아빠가 자야 한다고 해서 억울했을 거 같아. 그 마음을 아빠에게 이야기했는데 아빠는 은찬이가 잘 시간이라는 말만 반복하고 은찬이 말을 들어주지 않았잖아. 그래서 은찬이 편을 들어줄 사람이 필요했던 거였어? 그게 엄마였으면 좋겠다는 마음으로 엄마한테 이야기한 거였어?"

"응."

대답을 하는데 금방이라도 울음이 후두둑 떨어질 것 같다. 커다란 눈망울에 눈물이 그렁그렁 차올랐다.

"엄마, 저 안아주세요."

안아주니 이내 울먹이는 목소리로 속내를 털어놓는다. 참았던 눈물이 옷 위로 떨어지자 쓱 닦아 엄마 옷에 묻힌다.

"아니, 엄마 옷에 닦지는 말고."

울음이 웃음으로 바뀌는 순간이다. 자신의 마음을 알아주는 사람이 있으니 참았던 감정이 쏟아져 나왔으리라. 아무 말 없이 아이를 꼭 안아주었다.

처음 아이가 질문했을 때 나는 아이의 의도를 눈치챘다.

"은찬아, 너 아빠가 안 놀아줘서 그런 거지? 아홉 시면 자야지. 얼른 누워!"

만약 아이가 무슨 말을 하려는 것인지 지레짐작하고 이렇게 말했다면 어땠을까? 어른이라면 열 번 중 아홉 번은 아이의 의도를 알아차릴 능력이 있다. 불 보듯 뻔한 행동과 미숙한 말들은 예측 가능한 것들이다. 하지만 나는 아이를 보며 쉽사리 내 생각대로 판단하고 결론 내리지 않는다. 그렇게 말하는 것이 편하고 빠르게 대화를 마무리할 수 있는 지름길인 동시에 아이와의 대화를 막는 지름길이니까.

얼마 전《정의란 무엇인가》로 한국에 돌풍을 일으킨 마이클 샌델 교수의 〈EBS 하버드 특강 '정의'〉를 본 적이 있다. 하버드식 교육은 지식을 일방적으로 전달하는 것이 아니라 질문을 통해 학생들이 스스로 생각할 수 있게 한다. 대답을 듣고 끝내는 것이 아닌 꼬리에 꼬리를 문 질문을 통해 스스로 오류를 정정하게 돕는다. 자신이 생각한 답을 스스로 말함으로써 생각의 깊이를 더해가는 것이다. 그토록 어려운 철학적 개념들을 일상생활과 접목해 예를 들어가며 이해시키는 것에 감탄이 절로 나왔다.

특히 도입 부분에 "당신이 모는 기관차가 브레이크 고장으로 인부 다섯 명을 향해 돌진하고 있다. 다섯 명의 목숨이 위태로운 상황에서 그들을 살리기 위해 선택을 해야 하는 상황이라면 어떻게 할 것인가?" 하고 물어보는 부분은 한 편의 드라마 같았다.

학생들의 대답은 가변적이어서 어떤 대답이 나올지 예상할 수 없는 상황 속에서도 샌델 교수는 여유 있게 강의를 이어나갔다. 함께하는 학생들도 자신의 의견을 말하는데 망설임이 없었다. 2010년

G20 폐막 연설 직후 오바마 전 미국 대통령이 준 질문권에 한국 기자들이 침묵한 사건과 참 대조적이었다. 학생들은 자신이 틀릴 수 있음을 인정하고 창피해하지 않았기에 샌델과의 문답에 적극적으로 참여했다. 그 와중에 학생들끼리의 토론도 오갔으며, 그들의 생각을 확장해주려고 샌델이 또 다른 질문을 던지는 모습에 경이감을 느꼈다.

어떻게 하면 이렇게 멋진 질문을 할 수 있는지 배우고 싶다는 생각이 들었다. 한편으론 아이에게 그런 훌륭한 질문을 할 수 없을 것 같아 자괴감이 들기도 했다. 죽었다 깨어나도 샌델 교수 같은 고급스러운 질문을 할 수 없을 터인데, 현실로 돌아와 지금 당장 내가 아이에게 적용할 수 있는 방법은 뭘까를 고민하고 생각했다. 내가 찾은 방법은 게으름이다.

"엄마, 개미는 왜 땅속에 살아요?"

"엄마, 자동차 바퀴는 왜 동글동글해요?"

사람은 본능적으로 질문을 받으면 답을 머릿속으로 생각한다. 아이에게 답을 못 해주면 안 될 것 같은 강박에 사로잡히는 순간이다. 세상 모든 부모가 모두 똑똑할 필요는 없다. 그리고 천하의 소크라테스가 다시 살아와도 세상의 모든 이치와 진리를 아는 것은 불가능에 가깝다. 아이가 질문한다는 것은 스스로 궁금해졌다는 것이고, 호기심 어린 눈으로 세상을 본다는 것이다. 그 호기심을 부모가 채워주면 아이는 흘려듣고 기억하지 못한다. 우리가 학창 시절 하루 일고여덟 시간씩 들었던 수업의 내용이 기억나지 않는 것처럼. 듣기보다 강력한 것은 말하기이다. 엄마의 말을 열 번 듣는 것보다 아이 스스로 한 번 말하는 것이 아이의 뇌를 활성화시킨다에 나는 한 표를 던진다.

답을 가르쳐주지 않고 지식을 전달하지 않고 아이 스스로 찾을 수 있게 기다려주는 것이 최고의 방법이다. 아이가 질문했을 때 부지런히 스마트폰으로 검색을 해보는 대신 모르는 척 다시 되받아 물어보고, 관련 책을 무심히 바닥에 던져두었다. 핵심은 '절대 엄마가 아는데 널 시험하는 거야'라는 느낌을 주면 안 된다. '엄마도 진짜 모르는데 네가 알면 좀 알려줄래?'라는 태도로 질문해야 한다. 만약 이 방법이 엄마의 에너지를 요구하는 일이었다면 일찌감치 포기했을 것이다. 내 아이가 한국 기자들처럼 침묵을 사랑하는 사람이 되지 않기를 바라는 마음에서 나는 오늘도 게을러지기로 했다.

A project to raise self directed kids

행복한 습관

: 10분 뒤를 상상해봐!

"제발 한 번 말할 때 들어라. 엄마가 뭐 하라고 했어?"

아이들이 엄마 말을 잘 들으면 아이가 아니다. 내 맘대로 되지 않는 아이를 데리고 온종일 씨름하다 보면 나도 모르게 참고 참았던 화가 올라온다. 스스로 화를 조절할 수 있는 사람이라고 믿었기에 한 번씩 크게 화를 내는 날이면 나 자신이 실망스러워 한참을 주저앉아 일어나지 못했다.

사실 나는 육아보다 일이 더 쉬웠다. 처음 아이를 낳고 36개월까지는 내 손으로 키우겠다고 다짐했지만 버티고 버티다가 24개월이 되던 때 도망치듯 다시 학교로 갔다. 복직하고 얼마나 행복했는지 남편은 얼굴이 달라졌다고 말했다. 내가 이렇게 일을 좋아하는 사람이었나 새삼 신기했다. 나에게는 모성애가 없는 걸까. 혼자 생각하고 또 생각했다.

돌아보니 나는 내가 참 소중했다. 내 삶이 너무 소중해서 아이 때문에 포기한 시간들이 순간순간 희생이라고 느껴질 땐 내가 이러려고 결혼했나 후회도 하고, 지나가다 뾰족구두 신고 한껏 멋을 낸 아가씨들을 볼 때면 싱글라이프가 부러웠다. 끝이 보이지 않는 육아, 함께하지 않는 남편, 똑같이 일하고 왜 살림과 아이까지 다 내가 해야 하는지 억울하고 억울해서 목놓아 울었다. 그런데 아무리 울어도 상황은 바뀌지 않았다. 마음을 고쳐먹기로 했다. 엄마가 행복하지 않으면 아이도 행복하지 않으리라.

며칠 전 만난 아이 친구 엄마들이 힘들다는 하소연을 쏟아냈다.

"왜 우리 아이는 말을 안 듣는 걸까요?"

"우리 집 애는 밥을 물고 있어서 미칠 것 같아요. 밥 먹이는 게 전쟁이에요."

"장난감 정리하고 돌아서면 삼 초 만에 난장판이 돼요. 정리하라고 하면 속 터져서 큰소리 나오고."

"우리 아이는 맨날 외투를 잊어먹고 나와서 학교 가면 어쩔까 걱정이에요."

보통 유아기 때는 엄마가 다 해주다가 초등입학을 전후로 엄마는 아이 스스로 하기를 바란다. 자기주도적 학습은 물론이고 방 정리도 척척, 가방도 미리 챙기는 야무진 아이가 되기를 기대한다. 그것도 어느 날 갑자기!

습관은 하루아침에 만들어지지 않는다. 이유식을 먹을 때도 흘릴까 봐 떠먹여줬고, 바닥에 쏟은 물도 엄마가 닦아줬고, 놀고 나면 엄마가 장난감 방을 모두 정리해줬고, 가만히 발만 내밀고 있으면 신발도 다 신겨주던 엄마는 하루아침에 이 모든 것을 혼자 하라고 엄포를 놓는다. 정작 스스로 해보겠다고 떼를 부리던 시절에는 기다리기 힘들다는 이유로, 어설프다는 이유로 다 해줘놓고, 이젠 다 컸으니 혼자 하라니 마른하늘에 날벼락이 아닐 수 없다.

스스로 하기를 바라는 엄마와 아이는 서로 줄다리기하다 결국 서로에게 상처를 입히고, 화를 부른다. 나 역시 아이가 커감에 따라 아이의 협조를 구해야 할 때가 많았다. 부탁과 강요 사이에서 외줄 타기를 참 많이도 했다.

가족 사이에서는 특히 서로를 잘 알고 있다고 착각한다. 남편과 아내 사이에서도 마찬가지다. 상대가 내 마음을 알 거라 생각하고 기대하기에 내 뜻대로 하지 않는 배우자 때문에 화가 나기도 하고 속상해하기도 하다, 말없이 혼자 포기해버린다. '저 사람은 원래 저런 사람이야. 사랑이 식었어'라고 생각하고 마음의 문을 닫아버리는 오류를 범한다.

남편도 내 마음을 모르는데 아이가 엄마의 마음을 알아차리고 스스로 하기란 기적에 가깝다. 아이에게 요구할 땐 구체적으로 해야 한다.

"방 좀 알아서 치워"가 아니라, "블록은 박스에 담고, 인형은 안방 침대 위에 올려줄래?"라고 말해야 한다.

내가 한 방법 중 하나는 어떤 상황에 맞닥뜨리기 10분 전에 뒷일을 상상해서 미리 이야기하는 것이었다. 선택할 수 있는 상황에서는 질문을 통해 아이가 선택하게 했고, 일상생활 습관을 형성하는 일은 할 일을 인지할 수 있게 미리 안내해주었다. 예를 들면 하원하고 집으로 가는 길에 엘리베이터를 타면서 아이에게 말한다.

"은찬아, 집에 들어가면 도시락 정리하고, 옷 벗고, 세탁기 돌리고 샤워한 후에 옷 입고 밥 먹자."

이를 통해 아이가 다음 상황을 예측하게 했다(물론 이 다섯 가지 일이 하나씩 습관화가 되면 다른 하나를 추가해서 늘려나갔다). 집에 들어갈 때마다 반복하고 나면 자연스레 아이가 스스로 답할 수 있게 물었다.

"은찬아, 집에 들어가면 뭐 먼저 해야지?"

"도시락 정리하고, 또 뭐 해야 해요?"

이렇게 물어보면 다시 이야기해주고, 또 물어보고를 무한 반복했다.

물론 이 모든 것이 반드시 지켜야 하는 절대적인 것은 아니었다. 아이가 "엄마, 오늘은 제가 체육을 너무 많이 해서 다리가 좀 아픈데 엄마가 도시락 정리만 도와주면 안 될까요?"라고 도움을 요청하면 인심 쓰듯 대답한다. "오늘은 엄마가 도와줄게"라고 말하니 아이가 무척 고마워한다.

아이의 일을 엄마의 일이라고 생각하는 순간 화가 올라온다. 아무것도 하지 않는 아이를 보며 그 모든 일이 엄마에게 전가되면 짜증이 올라오고 참고 참다 터지게 되는 것이다.

아이와 엄마의 일을 철저히 분리해야 과부하가 걸리지 않는다. 저녁밥도 해야 하고 빨래도 해야 하고, 아침에 먹은 설거지도 해야 하는데 아이가 옷도 벗지 않겠다고 떼를 부리며 장난감을 가지고 놀면 엄마는 이성을 잃는다. 아이가 스스로 샤워하는 사이 저녁밥만 준비하면 되는 상황이어야 엄마는 여유를 갖게 된다.

아이가 여섯 살 때부터 주말 부부를 하게 된 우리 가족. 평일에 함께하지 못한다는 미안함과 죄책감 때문에 아빠는 늘 아이의 일을 다

해주려 했다. 옷도 입혀주고, 밥도 먹여준다. 그러다 엄마가 슬쩍 빠진 뒤 아이와 아빠만 남겨진 집은 전쟁터가 되어버린다.

며칠 전 남편은 자신은 아이에게 최선을 다하지만, 아이가 자기 말을 듣지 않는다며 하소연을 늘어놓았다. 엄마와 만들어놓은 습관을 가끔 오는 아빠는 흔들어놓았고, 아이는 그런 아빠 마음을 알 리 없다. 아빠가 기분 좋을 때만 해주고, 힘들어서 지칠 땐 스스로 하라고 하니 아이는 헷갈리는 것이다. 그러니 말을 듣지 않을 수밖에.

사실 말을 듣지 않는다는 말은 아이 기준에서 엄청난 폭력이다. 이 말인즉 '아이는 어른 말에 복종해야 해'라는 전제가 깔려 있다. 그러니 복종하지 않는 아이를 향해 어른들은 분노를 품을 수밖에 없고, 말을 듣지 않는 아이는 뭔가 문제가 있다고 생각한다. 그런 생각들은 우리 아이를 문제아로 만들어버린다.

부탁은 누구든, 언제나 거절할 수 있다는 생각을 갖고 있어야 한다. 거절을 전제하지 않은 부탁은 무늬만 부탁일 뿐 강요이고 폭력이다.

엄마가 아이에게 "수저 좀 놓아줄래?"라고 말했을 때 "저 공룡 만들기 해야 해요"라고 답했다고 하자. 만약 "알았어. 다 하고 도와줄 수 있을 때 이야기해줘"라고 말할 수 있다면 이건 부탁이다.

그런데 "엄마가 밥 먹을 땐 자기 수저는 스스로 놓아야 한다고 했어, 안 했어?"라고 말한다면 이건 부탁이 아닌 강요다. 엄마의 공격에 머리가 큰 아이는 "엄마도 저번에 안 했잖아요"로 답하고, "어린 것이 어디서 꼬박꼬박 말대답이야!"로 이어지면 더 이상 대화는 무의미해지는 것이다.

아이와 행복한 일상을 유지하기 위해서는 규칙이 필요하다. 규칙을 정할 땐 이유를 아이와 충분히 이야기하고 규칙을 습관화하기 위한 노력들이 필요하다. 아무리 어린아이라도 마음의 준비가 필요하다. 10분 전, 최소 1분 전이라도 아이에게 안내해주는 말하기 습관이 내가 지치지 않고 육아하는 가장 효과적인 방법이다.

거짓말하는 아이

: 영재의 함정에 빠진 아이를 구하다

저녁을 먹고, 아이는 바둑을 하자고 청했다. 문화센터에서 바둑을 배운 아이는 엄마에게 가르쳐준다는 것이 뿌듯했나 보다. 어쩜 초반에 자꾸 엄마를 이길 수 있으니 더 재미있었으리라. 아이를 통해 바둑의 룰을 배웠지만, 시간이 흐를수록 엄마를 대적하는 게 만만치 않았나 보다. 게임을 하다가 질 것 같으면 "이거 아니야"라며 룰을 바꾸거나, 잠시 자리를 비운 사이 바둑알 자리를 옮겨놓았다.

"은찬아, 이거 여기 맞아?"

"아까도 거기 있었어요"라고 태연하게 말하는 아이를 보며 가슴이 철렁했다.

"엄마는 은찬이가 솔직하게 이야기하면 좋겠어."

"아니! 왜 엄마는 내 말을 안 믿어요"라고 말하며 오히려 큰 소리로 억울함을 토로했다. 순간 '내가 잘못 봤나?' 하는 생각이 들었다.

"엄마가 잘못 본 거면 미안해. 엄마랑 은찬이가 정정당당히 실력을 겨룬 것이고, 오늘 이기고 지는 것보다 승패에 상관없이 최선을 다해 끝까지 게임에 임하고 스스로 즐길 줄 아는 게 더 중요하다고 생각해."

일단 마무리하고, 2014년 소치올림픽 김연아 선수의 경기 장면과 인터뷰 내용을 보여주었다. 아이는 말없이 화면을 뚫어져라 보았다. 한참을 보던 아이가 눈물을 흘렸다.

"엄마, 나는 내가 꼭 이기고 싶어요. 왜 그런지 모르겠는데 이겨야 할 것 같아요. 나는 똑똑한 아이니까. 이기는 게 당연하잖아요."

안아주었다. 울다가 잠든 아이를 방에 눕히고, 남편과 이야기를 나누었다.

"나는 '은찬이가 왜 거짓말을 하는 걸까?'의 답을 찾기 위해 많은 생각을 했어. 자기는 왜 그런 거 같아?"

"그저 이 나이대 아이들의 성향, 기질이 아닐까? 남자아이라 더 강한 것도 있을 것이고."

"나도 그런 거라 생각했고, 시간이 지나면 자연스럽게 해결될 거라고 믿었어. 그저 성장 과정의 하나일 뿐이라고 말야."

"그런데 아니야?"

"물론 내 말이 정답은 아니겠지만, 아까 은찬이가 한 말이 내 가슴을 찔렀거든."

"어떤 말?"

"나는 똑똑한 아이니까 이기는 게 당연한 거라고 말하더라고. 아이 스스로 자신이 똑똑하다고 믿게 된 건 우리의 영향인 거지."

"아, 내가 며칠 전에 은찬이가 어려운 퍼즐 맞추는 거 보고 '똑똑하네'라고 말한 것처럼?"

"맞아. 노력을 안 해서 그렇지 멍청한 머리는 아니야. 너는 엄마 아빠 닮았으면 공부 잘할 거야. 뭐 이런 류의 말을 은연중에 우리가 하게 됐고, 아이는 그런 부모의 기대를 저버리고 싶지 않은 거 아닐까?"

"그럴 수도 있겠다. 이 생각은 해본 적 없는데 말야."

"늘 잘해야 한다는 강박이 실패를 두려워하거나 싫어하는 상태를 만들고, 그런 상황을 만들지 않기 위해 거짓말을 해서라도 이기고 싶은 거지. 그러니 거짓말하는 아이를 만든 건 부모의 말하기 습관 때문이라는 생각이 들었어."

"예전에 EBS '칭찬의 역효과'라는 프로그램에서 본 적이 있어. 결과보다는 과정이나 성장, 노력 그 자체를 칭찬해줘야 한다는 내용이었는데 이것과도 연관이 되는 거네."

"나도 어릴 때 그런 말 많이 듣고 자랐거든. 똑똑하다는 말, 영재라는 말. 그런데 고 삼 때 수능을 실패하고 나니 도전 자체에 대한 거부감이 생긴 것 같아. 형편이 어려우니 재수는 꿈도 꾸지 말라 하셨지만, 내가 죽어도 한다고 했다면 부모님이 내 뜻을 안 받아주셨을까? 지금 와서 생각해보니 나도 두려웠던 거야. 다시 실패할까 봐. 그래서 숨고 싶었던 거 같아. 한 번은 실수지만 두 번은 진짜 내 실력이 그거밖에 안 된다는 증거가 되니까 도전하지 않았던 거지. 그래서 그런 재능에 대한 거나 두뇌에 대한 칭찬은 독이 될 수도 있겠다는 생각을 은찬이를 통해 깨달았어."

"나는 스스로 멍청하다고 생각해서 내가 살 길은 노력밖에 없다고 생각했는데. 그래서 남들 한 시간 공부할 때 열 배 스무 배 해야 따라갈 수 있다고 생각해서 죽기 살기로 했는데 성인이 되어 생각해보니 그게 내 삶의 원동력이었네."

"우리 둘이 임상실험 결과네. 하하. 오늘부터는 우리도 은찬이한
테 결과가 아닌 과정을 칭찬하자. 습관이 되어서 하루아침에 바뀌지
는 않겠지만 둘이 인지하고 있으면서 잘못된 방식으로 말할 땐 서로
이야기해주면 어때?"

"좋아. 실패의 경험을 많이 만들어주는 것도 필요할 것 같아. 얼마
전에 축구하다가 질 것 같으니까 다리가 아프다고 하더라고. 그래서
일부러 져줬거든. 모르는 척."

"지고 나면 울거나 삐지거나 침울해하는 모습을 보기 싫어서 우리
가 늘 져준 것도 문제가 있었네."

"근데 나는 과정을 칭찬한다는 것 자체가 어려워. 예를 들어 이야
기해줘봐."

"얼마 전에 은찬이 유치원에서 한 명씩 돌아가며 토픽 발표했었잖
아. 그때 '누가 제일 잘했어?'라고 묻지 않고, '전날 은찬이가 졸린데
도 열심히 자료 만들어갔는데, 친구들 앞에서 말해보니 어땠어?'라
고 물어보면 되지 않을까?"

"이것도 연습이 필요할 것 같아. 막상 그런 경험이 없으니 어렵다.
그래도 노력해야겠지?"

긴 시간 남편과의 대화를 통해 뭔가 정리되는 느낌이었다. 자꾸 거

짓말하는 아이를 보며 표면적인 이유들만 찾으려 했고, 그저 성장통의 하나로 치부해버렸다. 시간이 흘러도 해결되지 않는 문제와 감추려 하는 아이를 보며 나 스스로 작아졌다.

그런데 오늘 아이의 말을 통해 조금은 알 것 같았다. 엄마, 아빠의 기대가 아이에게 거짓말을 유도한 것이다. 칭찬은 고래를 춤추게 하는 것이 아니라 멈추게 한다. 타고난 재능이나 지능이 뛰어나다고 말하는 부모에게 그것을 증명해 보여야 한다는 부담감이 커지면서 아이는 더 이상 노력하려고 하지 않거나 실패의 상황을 모면하기 위해 거짓말을 한다는 것을 이제는 이해하게 되었다.

우리가 습관적으로 하는 무의식적인 말들이 아이를 찌르고 있었다. 말의 힘을 다시 한 번 느낀 순간이었다. 조급하게 생각하지 않고, 내 말을 바꾸고 남편의 말을 바꿔 조금씩 변화하는 아이의 모습을 볼 수 있다면 오늘의 고민이 헛되지 않으리라.

Chapter 4

엄마의 말이
세상을 바꾼다

Just Show

: 멋진 아이로 이끄는 한마디, 괜찮아

정신없이 일을 마무리하고 아이 하원 시간에 맞춰 유치원을 갔다. 왜 꼭 퇴근 시간만 되면 일이 터지는지 모르겠다. 퇴근 전 책상을 정리하고 집에 가서 할 일들을 챙기고 컴퓨터만 끄면 즉시 튀어 나갈 수 있게 만반의 준비를 마쳤는데 갑자기 서류가 잘못되었다고 전화가 왔다. 최대한 빨리 처리하고 차를 탔다. 노란불이 빨간 불로 바뀌는 순간 액셀러레이터를 밟았다. 몇 번이고 스마트폰 화면을 터치해서 시간을 확인했다. 15분이 1시간처럼 느껴지는 순간이었다. 가까스로 도착해서 유치원 안을 기웃거리며 눈으로 아이를 찾았다. 다행이다. 마지막은 아니다. 아이 담임 선생님이 나를 보더니 밖으로 나오신다.

"어머님, 오늘 은찬이가 완전 멋있었어요."

내가 미처 인사를 마치기도 전에 흥분해서 말하는 선생님.

"무슨 일 있었어요?"

"점심 시간에 윤식이가 친구 발에 걸려 넘어졌거든요. 그 바람에 들고 있던 식판을 엎지르고, 음식이 사방으로 튀었거든요. 모두가 얼음이 되어 그 상황을 쳐다보고 있었는데, 그때 은찬이가 당황해서 어쩔 줄 모르는 친구에게 가더니 '괜찮아, 닦으면 되지'라고 능청스럽게 말하고 교구장에 있는 걸레를 가져와서 국물을 닦는 거예요. 그 뒤로 아이들 모두 '선생님, 저도 할래요'를 외치는데 깜짝 놀랐어요. 아이가 그런 말을 한다는 게."

웃음이 나오려던 것을 참고 말을 이어나갔다.

"평소 제 말투 그대로를 따라 한 거네요."

"그래서 저도 그 친구에게 똑같이 말해줬어요. 괜찮다고, 닦으면 된다고."

"엄마!"

은찬이가 나오는 바람에 선생님과의 대화는 중단됐다. 아이는 늦게 온 나를 책망하지 않고 웃고 있었다. 집으로 가는 길 하루의 피로가 싹 가셨다. 피식피식 웃자 아이는 엄마가 오늘 좀 많이 이상하다고 말했다.

"이상한 엄마가 오늘은 아이스크림 쏜다."

아이는 영문도 모른 채 싱글벙글한다.

아이가 어렸을 때 참 많이도 흘렸다. 뒤돌아서면 컵을 엎지르고, 내가 안 본 사이 온 바닥에 쌀을 뿌려놓았다. 힘 조절을 못 해 빨대 위로 음료수가 솟구쳐 오를 때면 화가 치밀었다. 방금 샤워했는데 또 옷을 갈아입히려니 짜증이 밀려왔다.

"아니, 이렇게 하는 거라고!"

"도대체 몇 번을 말해."

"조심히 잡고 먹으랬지."

이런 말들이 사방으로 튀었다. 아이는 죄인마냥 내 옆에서 잔뜩 긴장한 얼굴로 엄마의 말 폭탄을 받아냈다. 말을 하기 시작하자 꿀 먹은 벙어리로 서 있던 녀석이 말했다.

"엄마, 미안해요. 그런데 엄마도 그럴 때 있잖아요."

아이 말이 맞았다. 아이가 엄마를 골탕 먹일 생각으로 의도를 갖고 한 행동은 아니었다. 이건 잘못한 일이 아니니 죄송해할 필요도 미안해할 이유도 없는 것이다. 단지 아이는 서툰 것이었다. 그걸 인정하고 나니 화날 일도 아니고, 화내서도 안 되었다. 그 후로 나는 이렇게 말했다.

"괜찮아. 닦으면 되지!"

이렇게 말하는 순간 아이는 본능적으로 걸레를 찾았다. 엄마가 빛의 속도로 닦아버리지만 않는다면 말이다. 이때 말과 표정이 다르면

곤란하다. 말로는 괜찮다고 해놓고 이를 악물고 말하면 아이도 안다. 하나도 괜찮지 않다는 것을.

만약 아이가 꼼짝하지 않는다면 다음 말은 이렇게 했다.

"은찬이가 흘렸으니 은찬이가 닦아볼래?"

이 말 한마디가 진짜 중요하다. 엄마가 뒷수습하면서 아이에게 도와달라고 하면 주객이 전도된다. 바닥을 닦는 일은 엄마의 일이 되고 그때부터 짜증과 화가 밀려온다. 당연하다. 그건 내가 저지른 일이 아니니까. 그런데 아이가 닦는 모습을 한 발짝 떨어져서 지켜보니 이상하게 나에게 여유가 생겼다. 아이를 조금 더 천천히 기다려줄 수 있게 된 것이다. 아이가 힘들어하면 인심 쓰듯 말했다.

"엄마가 조금 도와줄까?"

그럼 아이가 도와준 엄마를 고마워하게 된다. 여기까지 오면 화낼 일이 거의 사라진다. 한 발짝 물러서서 상황의 주인공이 아닌 관찰자가 되니 비로소 기다릴 여유가 생긴 것이다.

아이가 어려서 손을 쓰는 것이 미숙할 땐 내가 먼저 시범을 보여줬다. 시범을 보인다고 하면 뭔가 거창한 것처럼 보이지만 사실 정말 간단하다. 아이가 해야 할 일을 아주 천천히 여러 번 반복해주면 된다. 말이 쉽지, 여러 번 반복하면 깊숙이 감춰둔 화가 스멀스멀 올라온다. 이때 꼭 기억해야 할 한마디가 있다. 나는 이 한 문장을 적어서 냉장고 문에 붙여뒀다.

208

'Don't tell, just show(말하지 말고, 보여줘라).'

    감정을 말하지 말고, 행동을 천천히 보여줘야 한다. 아이가 걸음마를 떼던 순간을 떠올려보면 알 수 있다. 수없이 넘어지고 다시 일어서고를 반복해서 아이는 지금 걸을 수 있게 된 것이다. 걸음마를 하다 넘어진 아이를 보며 우리는 잘못했다고 말하지 않는 것처럼 그저 기다려주고 박수쳐주고 응원해주면 된다. 그런데 아이가 말을 시작하면서 우린 아이가 어른이 된 것처럼 착각한다. 어른처럼 능숙하게 잘하기를 기대한다.

    아이가 가위를 쓰다 다친 것은 잘못한 일은 아니다. 다쳤다고 가위를 뺏는 것은 더더욱 안 될 일이다. 물은 엎지를 수 있다. 벽에 낙서도 할 수 있다. 친구를 때리고 밀치고 물건을 빼앗는 일은 안 된다고 알려주었다. 되는 것과 안 되는 것, 화낼 일과 화내지 않을 일을 구분하자 아이의 행동도 편안해졌다.

    아이가 실수했을 때 "괜찮아" 하는 이 한마디가 세상을 따뜻하게 해줄 거라 믿는다.

희생은 그만

: 참는 것이 능사는 아니다

내가 아이를 낳은 2012년은 '애착 육아'가 유행하던 시절이었다. 포대기를 사용하는 엄마들이 늘어났고, 수면교육은 몹쓸 짓이라고 이야기했다. 아이를 충분히 안아주고 36개월까지는 엄마가 오롯이 아이를 끼고 키워야 한다는 분위기가 팽배했다. 그뿐이 아니다. 책 육아로 키운 아이는 영재가 된다며 밤새도록 아이가 원하면 눈에 물파스 발라가며 책을 읽어주라고 말했다. 엄마표 영어, 엄마표 미술, 엄마표 놀이 등으로 성공한 블로거들이 엄마들을 궁지로 몰고 갔다. 아무것도 해주지 않는 엄마는 죄인마냥 죄책감에 시달리며 아이에게 미안해하고 불안해했다.

아이를 처음 낳고, 육아서를 봤다. 이 책을 보면 이게 맞는 것 같고,

저 책을 보면 또 저게 정답인 것 같았다. 책 읽으면서 메모한 것들을
실천하려니 하루에 하나씩만 해도 벅찬 느낌이었다. 평소 목이 좋지
않던 나는 아이에게 책을 3권 이상 읽어주면 목이 찢어지듯 아팠다.
복직해서 근무할 땐 온종일 학교에서 수업하고 집에 오면 아이 책
읽어줄 힘이 남아 있지 않았다. 그 상태에서 내가 아이를 잘 키우겠
다는 일념 아래 억지로 책을 읽었다면 어땠을까?

'희생하지 않기!'
'헌신에서 벗어나기!'

이것이 어쩌면 내가 아이와 행복한 육아를 할 수 있었던 비밀의
열쇠였다. 아이를 등원시킨 뒤 아침 먹은 설거지하고, 빨래하고, 청
소하고, 간식까지 만들고 나면 나의 시간은 온데간데없이 사라진다.
어느덧 하원 시간, 부랴부랴 나가서 데리고 집으로 오면 간식 먹는
사이 가방 정리하고, 옷 갈아입히고 샤워까지 시키고, 다시 저녁밥
차리는 일상의 반복 속에 '나'는 없다. 다람쥐 쳇바퀴 도는 일상 속에
서 아이와 남편 뒷바라지하다 내 꽃다운 청춘은 시간 속으로 사라져
버린다. 어느덧 내려앉은 잔주름을 보며 신세 한탄을 한들 시간을
되돌릴 수 없다.

나는 '좋은 엄마'보다 '솔직한 엄마'가 되려 노력했다. 힘들면 힘들

다고, 지치면 지친다고, 답답하면 답답하다, 내 감정을 솔직하게 말하는 연습을 했다. 엄마라는 이름으로 참지 않았다. 처음 몇 번은 참을 수 있지만 반복될수록 참았던 감정이 내 안에 쌓여 언젠가는 더 크게 표출되었다. 거듭하여 억누른 감정은 사라지는 것이 아니다. 눌렀던 손을 놓는 순간 용수철처럼 더 크게 튀어 오른다. 눈덩이처럼 불어난 녀석은 희한하게 꼭 약한 곳으로 흘렀다. 가장 약한 아이에게 나는 또 상처를 주었다. 그러니 백 번 참고 아이에게 다정하고 따뜻한 말을 건네도 한 번의 실수로 쌓아 올린 탑이 무너졌다. 그래서 돌고 돌아 나는 무조건 참는 것이 능사가 아니라는 사실을 깨달았다. 그 뒤로는 내 감정에 솔직했다. 화가 치밀 땐 한 템포 물러서서 나를 보았다. 내 감정이 어떤지 어떤 것을 원하는 것인지 객관적으로 알기 위해 노력했다.

"엄마가 몇 번 말했어. 제발 좀 한 번 말할 때 들어라"라고 말하기까지 엄마가 느꼈던 감정을 아이는 알지 못하기에 갑자기 화를 내는 엄마를 아이는 이해하지 못하고 무섭고 낯설게 느낀다. 화낼 때 죄인마냥 "잘못했어요"를 연발하던 아이에게 솔직히 내 감정을 말하니 대화가 이어졌다.

"은찬이가 엄마가 밥 먹으라고 말했는데 계속 잠깐만이라고 말하고 안 먹어서 화가 나려고 해."

"아, 선생님이 주신 콩나물 키우기 어떻게 하는 건지 보느라 그랬어요."

"그럼 왜 잠깐만이라고 한 거야?"

"금방 끝날 줄 알았어요."

"그런데 엄마는 이유를 모르니 먹기 싫어서 그러는 줄 알았어."

"아니에요, 진짜."

"그럼 왜 이유를 설명해주지 않았니? 말했으면 엄마가 재촉하지 않았을 텐데."

"생각을 못 했어요."

"그럼 엄마한테 아까 그 상황이라고 생각하고 말해줄 수 있니?"

"엄마, 유치원에서 준 콩나물 키우기 콩 불리기 먼저 하고, 밥 먹을게요. 아까는 말 못 해서 미안해요."

"알겠어. 얼마나 걸릴 거 같아?"

"십 분이면 돼요."

"엄마도 십 분 뒤에 밥 먹을 수 있게 준비할게."

엄마의 희생이 전제된 육아는 결국 누군가에게 상처가 된다. 엄마도 사람이다. 엄마도 누군가가 내 감정을 이해하고 알아주기를 바란다.

자식 하나만 바라보고 일생을 바친 엄마는 자식에게 기대게 되고, 그 기대는 슬금슬금 넘쳐 아이에게 부담으로 다가간다.

"내가 너를 어떻게 키웠는데 니가 나한테 어떻게 이럴 수 있어."

"누가 엄마한테 그렇게 하래? 내가 그랬어? 엄마가 했으면서 왜 나를 원망해? 제발 그만 좀 해."

한 번쯤 들어봤을 법한, 혹은 내가 했을 법한 말이 아닐까. 사춘기를 지나 스무 살이 되어 성년식을 맞이하면 독립을 해야 하건만 결혼을 하고서도 온전히 분리되지 못하는 것이 우리나라다. 새로운 가정을 꾸려도 부모와 자식은 심적으로 독립하지 못한다.

아이는 독립된 인격체이다. 아이는 아이고, 나는 나다. 나를 아이에게 투영하는 순간 갈등이 생긴다. 아무리 아낌없이 대가 없이 사랑을 주는 게 부모라지만, 결국 사람은 주고 난 뒤 기대를 하게 된다. 희생이라는 이름으로 함께한 부모 자식 간은 결국 그 마음의 부담으로 서로를 힘들게 한다. 결국 놓아줘야 할 때 아이를 놓지 못하는 이유는 이 때문이다. 내 모든 것을 쏟아 이 한 몸 희생해서 키운 자식인데, 쉽게 놓아줄 리 없다.

아이 역시 인간관계의 한 줄기라는 사실을 인정해야 한다. 그래야 쿨해질 수 있다. 독립된 인격체로 존중하고 한 사람으로서 스스로 선택권을 가질 자유가 있음을 인정하면 아이를 내 맘대로 휘두르는 우를 범하지 않게 된다.

A project to raise self directed kids

건강한 대화를 위해

: 엄마도 엄마의 시간이 필요하다

"애 키우기 너무 힘들어요."

주변의 엄마들을 만나면 하나같이 내뱉는 말이다. 아이 키우는 게 쉽다고 또 낳고 싶다고 말하는 엄마는 여태까지 본 적이 없다. 아이에게 잘 대해주다가도 갑자기 화내고 소리치고, 독한 말을 내뿜고 나면 죄책감에 시달린다. 공감해주고 설명하고 이해하려 애쓰는데 짜증 내고 징징거리고, 바닥에 드러누워 한 시간이고 두 시간이고 울어 젖히면 엄마고 뭐고 다 포기하고 싶어진다. 육아도 체력전이다. 엄마가 마음의 여유가 있어야 아이의 말을 들어주고 공감해줄 수 있는 것이다.

엄마는 철저히 감정노동자다. 우리 할아버지 세대는 자식을 키울 때 먹고 입히고 재우는 것만 해도 훌륭한 부모 소리 들었다. 우리 부모 세대는 경제력이 경쟁력이었다. 오죽하면 '금수저, 흙수저'라는 말이 나왔을까. 요즘 부모는 어떤가? 경제적 능력뿐 아니라 말도 교양 있게 해야 한다. 거기에 아이의 정신적 성장을 위해 아이의 감정을 읽어주고 비폭력 대화를 하는 우아한 엄마로 거듭나야 한다. 엄청나게 많은 일을 해내고 제공하고 있으면서 내가 놓치는 것은 없을까 고민하고, 나만 몰라서 못 해주는 것은 아닐까 생각하며 끊임없이 불안해한다. 얼마나 정신적으로 육체적으로 힘이 들까.

나는 엄마인 자신을 돌보는 일을 먼저 해야 한다고 생각한다. 엄마 영혼의 배터리가 채워지지 않은 채 계속 아이에게 주기만 한다면 엄마는 결국 말라죽을 것이다. 아이를 키우는 것은 어쩌면 밑 빠진 독에 물 붓기일지도 모른다. 내가 아무리 열심히 채워도 채워지지 않는다. 아니, 채워진다는 느낌이 들지 않는다. 보이지도 않는다. 가끔 물 주는 걸 깜박하면 받은 건 생각하지 못하고 왜 안 주냐고 원망한다. 상처받았다고 말하며 방문을 쾅 닫아버린다. 아이를 키우는 건 장기전이다. 내가 말라가는데 내 안의 물을 박박 긁어 영혼까지 탈탈 털어서 준다 한들 아이들은 모른다. 그러니 나 자신부터 챙겨야 한다.

아이를 키우며 동시에 인내를 키우려면 영혼에 물을 줘야 한다. 엄마만의 절대적인 시간 확보가 필요하다. 전업맘이든 직장맘이든 모두 해당된다. 하루 한 시간, 안 되면 일주일에 한 시간이라도 엄마의 시간을 확보해보자. 육아가 힘든 것은 퇴근이 없기 때문이다. 하루 24시간, 온종일 아이와 함께해야 하니 정신적으로 힘든 것이다. 엄마도 '쉼'이 필요하다. 아이 잘 때 쪽잠 자며 쉬는 것 말고, 오롯이 혼자 생각하고 혼자 하고 싶은 것을 할 수 있는 시간 말이다.

내 경우 아이가 어릴 때는 새벽 시간을 확보했다. 나는 철저하게 저녁형 인간이었다. 아침에 일어나는 것은 불가능하다고 믿었다. 저녁 9시면 병든 닭마냥 시들시들하다가 잠드는 남편은 새벽 4시부터 일어나 배고프다고 했다. 나는 새벽 1시나 2시쯤 잠들어 아침에 일어나는 것을 힘들어했다. 알람을 네댓 개 맞춰놓고 버티고 버티다 시간이 임박해서 일어났다.

생활 패턴이 정반대여서 신혼 때는 그게 힘들었다. 나는 저녁에 영화 한 편 보고, 치킨에 맥주 한 캔 마시며 소소한 대화를 나누길 원했다. 평일에 일하느라 힘들었으니 주말 아침엔 낮잠을 늘어지게 자고! 일찍 자고 일찍 일어나는 새 나라의 어린이가 되어보자는 남편의 제안을 일언지하에 거절했다. 태어날 때부터 아침형 인간이 있고 저녁형 인간이 있는 거라고 열변을 토하며 나름의 논리를 펼치며 격하게 거부했다.

그것도 한때였다. 애 낳고 나니 왜 이리 잠이 쏟아지는지. 아이 재울 때 행여 같이 잠들기라도 하면 어찌나 억울하던지 아침에 눈 뜨자마자 허무해서 울었다. 육아 퇴근 후 가진 내 황금 같은 시간을 뺏기지 않으려고 눈 부릅뜨고 정신력으로 버텼지만, 이상하게 내가 자야 아이도 잘 잔다. 기를 쓰고 안 자고 성공한 날 아이가 잠든 걸 확인하고 슬며시 나올라치면 들려오는 공포의 목소리.

"엄마!"

아이들은 직감적으로 느끼는가 보다. 엄마가 나가려는 순간 귀신같이 잡아끄는 걸 보면 말이다. 이런 날들이 계속되자 포기하고 새벽 기상을 선택했다. 물론 새벽 기상도 엄마의 기운이 사라진 걸 눈치챈 아이 때문에 실패할 때도 많았다.

내가 하고 싶은 말은 새벽이냐 저녁이냐가 아니다. 각자의 방식대로 각자의 상황에 맞게 어떻게든 '나만의 황금 시간'을 가지라는 것이다. 주중에 안 되면 주말에 남편에게 잠깐 맡긴다든지 친정 찬스를 쓴다든지 수단과 방법을 가리지 말고 확보해야 한다. 그 시간에 책 보고, 공부하는 생산적인 일을 하라는 것이 아니다. 커피를 좋아하면 예쁜 커피숍에서 좋아하는 음악 들으며 시간을 보내고, 드라마를 좋아하면 유튜브로 드라마 한 편을 봐도 좋다. 공부하는 게 좋으면 책을 읽으며 시간을 보내보자. 이 시간이 아이를 키우는 힘이 될 것이다.

제발 아이 어린이집 보내놓고 청소하고 설거지하고 빨래하지 마라. 집안일은 아무리 열심히 해도 티 안 난다. 남편은 절대 모른다. 티 팍팍 내며 말해도 대수롭지 않게 여긴다. 당연한 것처럼. 그러니 제발 아이 없는 시간에 살림한다고 귀한 시간을 보내지 말아야 한다.

아이를 키운다는 말은 어쩌면 잘못된 말인지도 모른다. 아이는 스스로 자란다. 엄마가 다 해주려고 아등바등 애쓰는 만큼 아이는 벗어나려 애쓸 것이다. 엄마도 엄마의 시간이 필요한 사람이라는 것을 아이에게 알려주자. 아이에게 내 모든 에너지를 소진하고 재가 되지 말아야 한다. 채우지 않고 비우다 보면 결국 남은 것 하나 없이 버려지게 된다. 내 모든 것을 갈아서 아이에게 주고 난 뒤, 엄마를 거부하는 아이를 바라보며 눈물 흘리지 않으려면, 잊지 말자.

많은 육아서를 봤지만, 내 마음이 움직이지 않는 육아법을 무조건 따라는 하지는 않았다. 나는 머리로 이해한 것을 마음으로 이해하지 못하면 움직이지 않는 편이다. 그래서 남편은 나에게 참 피곤한 스타일이라고 말했다. 내 마음이 편하지 않으면 제아무리 좋은 육아법이라도 의미 없다고 생각한다. 각자의 방식이 있고 사람마다 다른 상황을 가지고 있기에 정답은 없다. 그러니 이 책의 내용 다 버려도 괜찮다. 하지만 이것 하나만은 기억하길…….

'꼭, 어떤 순간에도, 엄마의 소중한 시간을 지켜나가세요.'

세상을 바꾸는 말 습관

: 나부터 시작하다

나는 사람을 좋아해서, 늘 사람을 따라 선택했다. 돌이켜 생각해보니 내가 잘하는 것은 '듣기'였고, 좋아하는 것은 '말하기'였다. 당연한 결과였겠지만 학창 시절 늘 친구들의 고민 상담 1번지는 나였다. 어린 나이에도 늘 상대방을 배려하려고 애썼고, 친구들의 이야기에 공감해주려고 노력했다. 하지만 그런 노력에도 때때로 사람에게서 받는 상처는 나를 움츠리게 했다. 회의가 들었고 세상이 미웠다. 아무리 생각해도 내가 잘못한 것은 없었다. 답을 찾지 못한 나는 방황했고, 친구를 잃었다.

국어 교사로 살아온 세월 12년, 나는 학교에서 어린 시절의 나를 보았다. 한 발짝 물러서서 아이들 사이의 대화와 소통의 관계에 대해 상담하다 보니 내가 그 시절 간과한 것들이 보이기 시작했다. 지나친 배려가 상대에 대한 오해로 이어질 수 있고, 과한 공감이 독이 될 수 있다는 사실을 깨달았다. 예를 들면 이런 것이다.

다섯 명이 무리를 이루어 함께 다닌다. 너나없이 서로를 챙기고 마음을 나눈다. 1년 365일 잘 지낼 수는 없는 법, 하루는 A라는 친구의 행동 때문에 속이 상했다. 나를 무시하는 것 같은 생각이 들자 한 번은 참았다. 그런데 자꾸 다른 친구들 앞에서 나를 '멍청한 아이'로 표현했다. 내가 공부를 못하는 건 사실이지만 이런 식으로 나를 놀리는 건 기분 나빴다.

쌓이고 쌓인 감정들이 걷잡을 수 없게 되자 다섯 명 중 가장 친한 친구인 B에게 내 마음을 이야기했다. B는 다행히 내 마음에 공감해주었고, 그동안 속상했던 것들을 다 말하고 나니 한결 마음이 편해졌다. 이야기를 하다 보니 B도 그런 적이 있다며 A에 대해 말해주었다. 나만 그런 게 아니었다. 자연스레 A와 멀어졌다. 같은 그룹에 속해 있긴 하지만 내 속마음을 말하거나 따로 연락하지 않았다.

시간이 흐르면서 자연스레 이상한 기분이 들었다. 무리의 네 명 모두 나를 피하는 느낌, 나를 빼놓고 만났다는 이야기를 들었다. A의 페이스북에 '저격글'이 올라왔다. 반 친구들이 댓글을 달았고 이야기는 점점 퍼져갔다. 알고 보니 B가 A에게 그날 나와 한 이야기를 전한 것. 억울했다. B도 A를 욕했는데 나만 이렇게 나쁜 사람이 되다니 이해할 수 없었다. A에게 만나자고 페메(페이스북 메시지)를 보내도 답이 없다. 나는 졸지에 친구를 욕한 나쁜 아이가 되었다.

가만히 있을 수 없어, A에게 그때의 상황을 담아 장문의 카카오톡을 보냈다. 물론 B의 이야기도 빼먹지 않았다. 다음 날 B가 오히려 나에게 화를 냈다. 나 때문에 A가 자기에게 말도 하지 않는다며 책임지라고 했다. 나는 사실을 말했을 뿐이고 잘못한 게 없다고 말했다. 그렇게 치면 네가 먼저 사과해야 한다고 따졌다. 상황은 더 악화되었고, 돌아올 수 없는 강을 건너버렸다. 나는 친구를 잃었고 신뢰를 잃었다. 학교가 싫다. 사람이 무섭다.

한 번쯤 겪어봄 직한 이야기다. 상황과 정도의 차이가 있을 뿐 맥락은 같다. 사람은 본능적으로 표현의 욕구가 있다. 내 안에 속상한 마음, 억울한 마음이 생기면 표출해야 해소된다. 대부분의 사람은 수다(말)로 해결하는데, 문제는 A에게 속상한 마음을 A에게 풀지 못하고 제삼자인 B에게 이야기한 것이다. 아무리 속상하다고 한들 어떻게 면전에 대고 말하겠는가. 평등한 관계인 친구끼리도 힘든데 직장내 동료나 가족 사이에선 있을 수도 없는 일이다. 지나친 배려가 오해로 이어지는 지점이다.

앞에서 할 수 없는 이야기는 뒤에서도 해서는 안 된다. 상대를 비난할 의도가 전혀 없었던 말이었지만 순식간에 뒷담화로 둔갑한다. 직접 얼굴을 보며 속상한 마음을 표현했을 때의 민망함을 회피하고자 입을 다물고 꾹 참았던 내 나름의 '배려'는 더 큰 상처가 되어 상대의 마음을 아프게 한다. 결국 내가 한 말은 돌고 돌아 당사자의 귀에 들어간다. 더 부풀려지고, 더 악한 모습으로. 그러니 나의 감정을 담담히 말할 수 있어야 한다. 직접 당사자에게.

나는 종종 B의 상황이었다. 다른 친구들의 고민을 들어주는 입장이었으므로 상대의 말에 맞장구를 쳐줘야 했다. 상대의 말에 공감해주고 마음을 어루만져주었다. 이야기를 전해 들은 나는 그저 속상한 마음만 읽어주면 되는데 이상하게 이야기를 듣다 보면 나 스스로 A에 대한 도덕적 판단을 하게 된다.

"어떻게 그럴 수가 있어. 사람이면 그러면 안 되지."

A의 행동에 의미를 부여하고, 옳고 그름을 따진다. 정의의 사도로 변신하는 순간이다. 사람은 누구나 자기 입장에서 이야기를 전개하고, 자신이 내린 판단이나 추측을 사실인 양 믿어버리는 습성이 있다. 말하는 사람은 이미 객관성을 잃어버렸고, B를 설득시키기 위해 더 크게 상황을 부풀린다. 현재의 문제뿐 아니라 과거의 이야기까지 끌어들인다. 나는 착한 사람이라 참을 만큼 참았다는 이야기도 곁들인다. 이야기하면 할수록 A는 천하의 나쁜 사람이 된다. 도저히 자기의 가치판단으로 있을 수 없는 이야기들을 듣다 보면 공감을 넘어

스스로 감정이입을 하게 되고, 내 경험들도 왜곡되기 시작한다. B가 나도 A에게 당한 적이 있다며 이야기를 보탠다. 과거 별것 아니었던 일들에 나의 잘못된 해석이 더해져 이야기는 정점에 다다른다. 과한 공감이 독이 되는 순간이다.

대화 이후 A의 모든 행동은 왜곡되어 보인다. 내가 보고 싶은 대로 보고, 상황을 해석한다. 복도에서 분명 A가 나랑 눈이 마주쳤는데 인사도 하지 않고 지나갔다. 속상한 마음에 B를 찾아가 호들갑을 떤다.

"나 아까 쉬는 시간에 A를 복도에서 봤는데 인사도 안 하고 째려보더라."

"야, 상종을 말어. 원래 그런 애잖아. 몰랐어?"

그냥 쳐다본 것인데 째려봤다고 판단한다. 어쩌면 렌즈를 안 끼고 온 A는 아예 못 본 것일지도 모른다. 이때부터는 이성적 판단이 아닌 감성에 의해 모든 것이 달리 보인다. 골은 깊어지고 돌아올 수 없는 강을 건너게 되는 것이다.

내가 입수한 정보는 대부분 추측이거나 혼자만의 판단일 때가 많다. 분명히 내가 보고 들었다고 말하는 것조차 진실이 아닐 때가 많다. 어느 관점, 어느 각도에서 바라보느냐에 따라 달리 보이는 것이다. 각자의 위치에서 바라본 것은 모두 사실이다. 하지만 진실은 아니다. 그러니 판단하지 말고 내가 본 그대로를, 생각을 버무리지 말고 그대로 표현하는 연습이 필요하다. 내가 옳다고 믿는 대부분의 것은 가만히 들여다보면 진실이 아닌 경우가 훨씬 더 많다. 그 사실을 우리 모두 간과할 때가 많다.

직업의 영향이었겠지만, 나는 인간 사이의 관계와 대화에 관심이 많았다. 엄마가 되고 나니, 교실 속 아이들도 달리 보였다. 말 때문에 상처받고, 관계 때문에 삶의 끝자락에 선 위기의 아이들. 의도하지 않았지만 서로가 서로에게 생채기를 내는 아이들을 위해 건강하게 소통하는 방법에 대해 고민하고 또 고민했다.

사실, 이런 소통방식은 우리의 오랜 전통이었다. 한국인의 주된 표현법인 '돌려 말하기'다. 직구를 날리는 서양의 방식이 아닌 은근슬쩍 돌려차기를 한다. 그래서 우리는 서양 사람들이 주로 쓰는 직설화법이 익숙하지 않다. 돌려 말하기가 미덕이라고 배웠고, 면전에 대놓고 말하는 건 예의 없는 것이라 배웠다. 그래서 자신의 마음을 직접 말하는 게 그토록 어려웠던 것이다.

나는 이런 오랜 관습으로부터의 탈출을 시도하고 있다. 가장 가까운 남편, 내 아이와의 대화 속에서 나의 감정을 솔직하게 말하고 소통하기 위해 노력하고 있다. 오랜 습관을 바꾸는 것 자체가 쉬운 일은 아니다. 그렇다고 포기할 순 없다. 나부터 시작한 말 습관이 내 아이를 바꿀 것이고, 내가 외치는 이 작은 외침이 세상을 바꿀 것이라 믿기 때문이다.

육아와 나 사이

죽을 것 같은 진통의 순간을 이 악물고 버텼다.

고통이 잊힐 때쯤 또 아이를 낳는다는데, 7년이 지난 지금도 어제 일처럼 생생했기에 둘째는 없었다.

나보다 늦게 진통을 시작한 산모는 이미 분만을 끝내고 나갔고, 친구는 3시간 만에 낳았다던데 나는 뭐가 이리도 힘들었을까.

진통하다 의식을 잃었고, 깨어보니 병실이었다.

제왕절개 후 소변 보러 침대에서 일어나는 게 가장 끔찍했다. 화장실이 무서웠다. 링거를 뽑아버리고 싶었다. 뒷일이 두려워 물도 안 마시고, 먹고 싶지도 않았다. 꾸역꾸역 미역국을 입에 밀어 넣고 뒤틀리는 배를 부여잡고 아이에게 젖을 물렸다.

나는 그렇게 엄마가 되었다.

처음 만난 내 아이에게 집중하고 싶어 휴직을 선택했고, 육아를 하다가 미칠 것 같은 순간에 복직했다.

휴직을 시작할 땐 36개월까지 키우며 오랜 직장생활에 지친 내게 '쉼'을 선물하고 싶었다. 아이와 함께 있는 모든 순간은 긴장의 연속이었고 집에 있는데도 집에 가고 싶을 만큼 지쳐 있었다.

단 하루도 쉬운 날이 없구나, 싶었던 지난날들……. 짜증이 늘었고, 나 살자고 다시 직장으로 갔다.

우는 아이를 어린이집에 떼어놓고 돌아서며 수없이 묻고 또 물었다.

'내가 너무 이기적인가?'
'모성애가 부족한 건 아닐까?'

육아와 일은 어쩌면 양자택일의 문제가 아닐지도 모른다. 아이를 선택해도 미련이 남고, 일을 선택해도 후회가 남는 법.

다만 인생이라는 긴 시간 안에서 하루가 아닌 인생 전체를 두고 균형을 맞춘다면 고민과 고뇌의 시간들이 조금은 줄어들지 않을까.

지금 이 순간 어떤 선택을 하든 결국 그 중심에는 내가 있어야 한다. 이제 나는 알 것 같다.

'나'의 마음을 잘 들여다보는 엄마가 되기를…….
엄마이기 이전에 나는 오롯이 '나'였음을 잊지 않기를…….

우리 아이 선생님과
소통하는 법

믿음의 심리학

: 결정되었다면, 바꿀 수 없다면 일단 믿자

아이 유치원을 결정할 때 참 많은 고민을 했다. 일단 우리 부부의 가치관과 유치원의 교육철학이 비슷한 곳을 찾았다. 학습이나 영어 수업은 나중에 할 수 있기에 매일 바깥 놀이를 하고, 일주일에 한 번 가는 숲 체험 프로그램에 마음이 끌렸다. 아이가 앉아서 손으로 꼬물꼬물 무언가를 만드는 것을 좋아했던 터라 교구를 통해 누리 과정을 풀어가는 것도 마음에 들었다. 오랜 기다림 끝에 드디어 유치원에 입학하게 되었다. 그런데 그렇게 보내고 싶어 했던 유치원이 결정되자 이번에는 좋은 선생님을 만났으면 하는 욕심이 생겼다.

다섯 살 때 아이 선생님은 참 사랑이 많은 분이었다. 어찌 보면 엄마보다 더 오랜 시간을 함께하는 사람인데 엄마 이상으로 많은 것을 주었다. 아이가 집에 오면 늘 하는 말이 "선생님은 나를 너무 사랑해"였으니 그 이상 무엇이 더 필요한가. 아이는 엄마를 만나면 선생님 이야기를 하고 싶어 쫑알쫑알 조그만 입을 놀렸다. 귓속말로 "사랑해"라고 말해주는 선생님이 있어서 한 해는 정말 걱정 없이 맘 편히 보냈다. 그런데 12월쯤 되자 슬슬 걱정이 되기 시작했다.

'아이가 새로운 선생님을 만나 잘 적응할 수 있을까?'

'5세 선생님 그 이상을 해주는 선생님이 있을까?'

아무리 생각해도 아니었다. 원장 선생님께 은근히 부탁을 해본다거나 간절한 편지를 써볼까 고민도 했다. 공교육이 아니기에 어느 정도 부모의 입김이 작용하지 않을까 하는 생각도 없지 않았다. 그러다가 나 같은 부모 10명만 있으면 정말 힘들겠다는 생각에 포기했다. 평소 마음에 둔 선생님이 아이 담임이 되길 기도하고 또 기도했다.

드디어 담임 발표 날. 사심 가득한 우리의 기도는 보기 좋게 퇴짜를 맞았고, 솔직히 마음에 들지 않는 선생님이 담임이 되었다. 한 발짝 떨어져서 바라본 선생님은 잘 웃지 않았고, 지나칠 정도로 차분했고 조신해서, 얌전한 아이를 좋아할 것 같았다. 물론 이 모든 것은 편견이었다. 엎친 데 덮친 격으로 아이는 친한 친구와 모두 떨어졌다. 새 학기가 시작되기 전 일주일 내내 아이는 유치원에 가기 싫다고 울었다. 왜 나만 떨어졌는지 모르겠다며, 친한 친구가 한 명도 없어서 유치원이 싫다고 말했다. 일단 아이의 마음을 받아주었다. 속상한 마음 두려운 마음을 함께 느끼려고 노력했다. "유치원은 가야 해"라고 강요하지 않고, 그 대신 새학기의 두려움과 설렘을 다룬 그림책을 읽어주었다.

그리고 한 자 한 자 은찬이에 대한 이야기를 편지에 썼다. 아직 글을 모르는 아이는 엄마가 뭘 하는지 궁금해했다. 새로 만날 선생님께 편지를 쓰는 거라고 말하자 아이도 쓰고 싶다고 말했다. 어디에 쓰고 싶냐고 물었고, 엄마랑 똑같은 편지지에 쓰고 싶다고 말해서 한 장 꺼내주었다. 아이는 선생님 이름을 물었고, 엄마가 써준 글씨를 편지지에 그렸다. 글을 썼다기보다 그렸다는 게 더 정확하다. 정성스럽게 쓴 이름 위에 색칠도 하고, 아끼던 스티커도 붙였다. 다 끝내고 나자 아이는 언제 그랬냐는 듯이 얼른 유치원 가서 선생님께 편지를 드리고 싶다고 말했다. 가슴을 쓸어내렸다.

선생님에 대한 긍정적 기대를 심어주는 것이 중요하다는 생각을 했다.

'그럼 어떻게?'

처음부터 아이에게 선생님에게 줄 편지를 쓰자고 했다면 아이는 싫다고 했을지도 모른다. 그저 엄마가 쓰는 모습을 보니, 자기도 뭔가를 쓰고 싶어 한 것이다.

내가 아이를 키우며 가장 많이 했던 생각 중 하나는 '가르치려 하지 말고 보여주자(Do not teach, just Show)'였다. 내가 만약 편지 쓸 때 아이의 행동을 유도하려는 검은 의도를 가지고 있었다면 성공하기 어려웠을 것이다. 엄마가 한글 공부를 시키려고 일부러 노트에 받아쓰기를 하고 있고, 아이가 옆에 와서 쓰기를 바란다면 아이는 직감적으로 안다.

'엄마가 나를 끌어들이려고 쇼하고 있구나.'

그렇게 생각한 순간 아이는 절대 엄마의 생각대로 행동하지 않는다.

편지를 쓰고 나서 나를 돌아보았다.

'선생님을 마음에 들어 하지 않았던 엄마의 마음이 아이에게도 전해진 건 아닐까.'

말로 내뱉지 않았지만, 선생님 이야기를 할 때 보였던 엄마의 표정이나 눈빛을 보며 아이는 눈치챘을지도 모른다.

그때부터 마음을 고쳐먹었다. 바꿀 수 없다면 믿는 수밖에. 3월 2일 첫 등원을 한 이후로 나는 선생님을 향해 전폭적인 지지를 하기 시작했다. 하원하는 길에, 전화 통화 중에, 포스트잇을 붙인 아이 출석카드를 통해 선생님을 향한 사랑을 표현했다. 사람은 말하지 않으면 모른다. 표현하니 나 역시 선생님을 믿게 되었고, 감사하게 되었다.

"엄마 선생님이 내가 오늘 목도리를 하고 갔는데 귀엽대. 진짜야."

"우와. 선생님은 우리 은찬이 진짜 귀여워해주시나 보다. 그 말 들었을 때 기분이 어땠어?"

"좋았지."

"그럼 선생님한테 은찬이도 표현하면 좋겠다. 할 수 있겠어?"

"당연하지. 나도 내일은 선생님이 어떤 목걸이를 했는지 살펴봐야지."

"엄마도 알려줘. 궁금하니까."

아이가 유치원에서 있었던 일 중 아주 사소한 것이라도 이야기하면 놓치지 않고 긍정적 피드백을 주려고 노력했다. 엄마가 좋게 이야기하는 모습을 보며 아이도 진짜 자신이 선생님을 좋아하고 있다고 믿었다.

아이가 커 감에 따라 100퍼센트 만족하는 선생님을 만나기란 어렵다. 그저 믿고 "감사하다. 고맙다. 선생님이 최고다"라고 말하니 진짜 좋은 선생님으로 함께했다. 그것이 말의 힘이라는 것을 알게 되고 나서는 많은 것이 달라졌다. 선생님도 사람인지라 부족한 부분이 있을 수 있다. 그런데 좋은 모습만 보고 좋은 점만 이야기하니 더 그런 모습을 보이려 애쓰시는 것 아닐까.

아이 사용 설명서

: 아이의 적응이 걱정된다면?

아이가 세 살(23개월)에 처음 어린이집을 갔다. 아이를 기관에 맡기고 복직을 선택하기까지 참 많은 고뇌와 고민이 있었다. 결국 나는 결정했고, 결정한 것에 대해 후회하지 않기로 했다. 일단 하기로 했고, 이젠 어떻게 하면 잘해나갈지를 고민하는 게 먼저였다.

돌이켜 생각해보니 아이를 어린이집에 보내면서 가장 걱정했던 것은 '아이가 낯선 환경에 잘 적응할 수 있을까. 선생님이 우리 아이를 예뻐해주실까'였다. 변수는 두 가지, 아이와 선생님이었다. 엄마 대신 세상에서 처음 만나는 낯선 사람을 잘 따르게 하는 방법이 무엇일까를 고민했다.

첫째, 아이의 적응 문제는 낯선 환경을 익숙한 환경으로 느낄 수 있게 노출시켜주고, 스스로 가고 싶은 곳으로 만들어주면 된다. 복직 시점에 아이를 갑자기 기관에 보내면 아이의 돌발 상황에 대처하기가 어려울 거라 생각했다. 만약 아이가 적응이 늦거나 혹은 강하게 거부할 수도 있으니 미리 적응 시간이 필요했다. 나는 집에서 가까운 어린이집을 보낼 생각이어서 입소 6개월 전부터 아이를 데리고 어린이집 근처로 갔다.

"은찬아, 저기 창문에 붙어 있는 그림 어때? 나비가 날아서 우리한테 오는 것 같지? 노란 무늬가 진짜 예쁘다."

"교실 안에 친구들이 있나 봐. 친구들은 뭘 하고 있을까? 한 명은 북을 치고, 한 명은 주방 놀이를 하네."

"이곳에는 선생님들도 아주 많아. 선생님들은 표정이 넘 사랑스러운걸."

아직 아이가 어려서 대화가 완벽하게 되진 않지만, 아이에게 호기심을 일으키는 말과 긍정의 메시지를 던졌다. 긍정 확언을 통해 아이에게 어린이집에 대한 좋은 이미지를 심어주려 노력했는데 지나고 나서 생각해보니 효과가 있었다. 마트에 갈 때도 일부러 어린이집을 지나가고, 놀이터 가는 길에도 보여주자 어느 날 갑자기 아이가 물었다.

"엄마, 여기! 여기!"

손가락으로 가리키며 들어가보자고 했다.

미리 어린이집 상담을 받아둔 터라 염치 불고하고 문을 두드렸다. 6개월 후에 입소 예정이라며 사정을 설명했더니 감사하게도 아이에게 몇 가지 교구를 내어주셨고, 그 덕분에 원장님과도 이야기를 나눌 수 있었다. 집에 가는 길 아이에게 "여기 다닐까?" 하고 물으니 고개를 끄덕였다. 내 역할은 여기까지였다. "엄마의 상황이 그러니 너는 어쩔 수 없이 이곳에 와야 하고 싫어도 다녀야 해"가 아니라 아이 스스로 선택한 어린이집이 되게 만들어주는 것! 대성공이었다. 그 뒤로 아이는 별 탈 없이 어린이집에 적응했고, 엄마 껌딱지에서 선생님 바라기로 변신했다.

둘째, 선생님과의 첫 관계는 엄마가 도와주면 좋겠다고 생각했다. 선생님이 우리 아이를 제일 예뻐했으면 좋겠다는 마음은 엄마라면 누구나 할 수 있다. 그런데 선생님은 많은 아이를 돌봐야 하고 분명 손이 부족할 것이다. 아직 말을 제대로 잘하지 못하는 아이라 소통의 문제가 더 많이 발생할 것이고, 집에서 온전히 내 아이만 보는 엄마보다는 아이의 요구에 조금 더 예민하게 반응해주지 못하리라. 그러면 아이의 특징을 이야기 해주는 게 도움 되리라 판단했다.

학기 초 아이와 선생님, 둘은 서로를 몰라도 너무 모른다. 우리는 대개 몰라서 상처 주는 경우가 많다. 나 역시 남편과 처음 가정을 꾸렸을 때 그랬다. 서로가 싫어하는 것 좋아하는 것, 습관 등을 몰라 많이 부딪혔다. 내가 당연하다고 생각하는 것들이 남들에게는 당연한 것이 아님을 결혼을 통해 깨달았다. 나는 샤워를 하고 난 뒤 머리카락을 정리하고 나오는 게 당연하다고 생각했고, 모든 사람이 그럴 거라 기대했다. 양말은 빨래통에 넣어야 하고, 빨래는 털어서 널어야 한다는 것쯤은 당연히 알고 있고, 누구나 할 수 있는 일이라 생각했다. 그게 함께 사는 사람에 대한 최소한의 예의라고 믿었다. 그런데 아니었다. 그래서 남편과 맞춰가는 데 참 오랜 시간이 걸렸다. 처음에 서로에 대해 알려고 노력했다면? 서로에 대한 사용 설명서를 건네주었다면? 그랬다면 우리의 신혼은 조금 더 아름다웠으리라.

선생님도 그럴 거라 생각했다. 그래서 최대한 자세히 아이의 성향을 담은 편지를 썼다. 일이 터지고 서운해하고 감정이 상해 돌이킬 수 없는 상황이 생기기 전에 아이 사용 설명서를 쓰기로 했다. 말은 금방 사라지고 잊힌다. 하원 길에 정신없는 상황에서 건넨 말은 선생님도 기억하기 힘들고 마음의 여유도 없다.

그래서 탄생한 '내 아이 사용 설명서'. 이걸 먼저 건네면 3월이 편안해진다. 편지를 쓸 때 주의할 점은 딱 한 가지다. 바로 부정적인 언어를 사용하지 않는 것이다. 긍정적인 언어를 사용해야 받아들이는 사람도 긍정적 시선으로 내 아이를 바라본다.

나는 '우리 아이는 고집이 세요'라는 말 대신 '우리 아이는 스스로 하고자 하는 의지가 강해요. 못하더라도 무한 반복을 하는 편인데 엄마가 해주려고 하면, 은찬이가! 은찬이가 할 거야! 한답니다'라고 적었다.

'우리 아이는 울면 한도 끝도 없어요'라는 말 대신 '우리 아이는 스킨십을 좋아해요. 속상한 일이 있거나 화가 나서 울어도 안아주면 금방 마음을 진정한답니다'라고 적었다.

선생님이 편지를 읽고서 편견이 생긴다면 오히려 아이를 관찰하고 생각할 여지를 차단하는 것이다. 최대한 아이의 행동을 있는 그대로 쓰려고 노력하되, 빠른 해결 방법이 있다면 함께 적어주었다. 엄마의 기준에서 '게으르다', '고집이 세다', '울보다', '이기적이다' 등의 부정적 판단을 불러오는 말은 하지 않았다. 아이에 대해 선입견이 생길 수 있는 말들은 오히려 독이 된다.

매년 학기 초가 되면 나는 아이 사용 설명서를 썼고, 대개 편지지 네댓 장 정도를 써서 보냈다. 이렇게 아이에 대해 적어 내려가다 보면 엄마인 나 역시 아이에 대해 생각해보는 계기가 된다. 보통 4월에 이루어지는 학부모 상담주간에 선생님을 만나러 가면 편지 덕분에 이야기가 풍성해진다. 아이를 이해하는 폭이 커졌다며 고맙다는 말을 해주신다. 아이에게 무척 관심이 많은 부모로 인식되어 '꿩 먹고 알 먹고'가 된다.

지금까지 다섯 번의 선생님을 만났고 한 해가 지나 들려오는 이야기는 내가 다음 해에도 편지를 쓰게 되는 원동력이 되었다.

생각 버리기 & 말하기 대신 듣기

: 내 아이에 대해 내가 가장 잘 안다고 착각하지 말자

아이가 커감에 따라 선생님의 전화가 늘 반갑지만은 않다. 보통은 아프다거나 다쳤다거나 친구랑 싸웠다는 내용일 때가 많아서 전화 벨이 울리면 가슴이 철렁한다.

초임 시절 나는 그 누구보다 열정적인 교사였다. 내가 옳다고 생각 하는 일에는 뜻을 굽히지 않는 참 답답한 교사였음을 지금에서야 고백한다. 교사 1년 차 첫 담임을 맡았을 때였다. 수업 중에 휴대전화를 사용한 아이가 도저히 용납되지 않아 휴대전화를 빼앗았고, 아이와 이야기를 나눌 가치조차 없다고 생각했다. 나를 무시하는 행동이라 생각하니 자존심이 상했던 것 같다. 마음속에 '감히 내 수업 시간에 딴짓을 해?'라는 생각에 사로잡혀 내 마음 다친 것에만 급급했다.

내 마음이 이랬으니 그 불편한 감정이 고스란히 드러났으리라. 아이와 이야기해볼 생각도 않고 나는 곧장 아이 아버님께 전화를 했다.

"아니, 애가 그럴 수도 있지. 뭘 그런 걸 가지고 직장에 있는 사람한테 전화까지 하세요? 선생님이 핸드폰 사주신 거 아니니 당장 돌려주세요."

나를 이해하지 못하는 아버님과 통화 도중 언쟁이 커졌고, 급기야 아버님과 어머님 두 분 다 학교에 오셨다.

"아직 아가씨라 모르나 본데 선생님도 결혼해서 아이 낳아서 키워봐요."

당시 어머님이 내게 했던 말이 가슴을 찔렀다. 내가 아이를 낳아보지 않아서 사랑이 없다는 말로 들렸다. 나이가 어려서 얕잡아 보는 것 같아 속상했다. 시간이 흘러 나도 아이를 낳았고, 엄마가 되었다.

내 아이가 커서 상담주간에 맞춰 어린이집에 갔다.

"어머님, 은찬이가 외동이라 그런지 나누는 것을 힘들어해요."

"아, 친구들이 집에 놀러 오면 먹을 것도 나눠주고 잘 노는데 어떨 때 그렇게 느끼셨어요?"

상담을 시작할 때 선생님께 아이에 대해 가감 없이 이야기해달라고 말했다. 그런데 나는 듣지 않았다. 말로만 듣겠다고 했을 뿐 마음의 준비가 되지 않았다. 아이에 대한 부정적인 말을 듣게 되니 나도 모르게 순간적으로 방어했다. 인정하고 싶지 않았다. '아이를 향해 이기적'이라고 말하면 꼭 '엄마가 이기적이어서 그래요'라고 들렸다. 선생님의 말을 듣고 "어떨 때 그래요?"라고 질문했지만 이미 엄마인 내 마음속에 내 아이는 그렇지 않다는 전제가 깔려 있었다. 상담을 끝내고 나올 때까지 나는 내 모습을 보지 못했다.

우리나라는 어린이집, 유치원, 초등·중·고등학교까지 거의 4월에 학부모 공개 수업 및 상담을 실시한다. 3월은 새로운 교실, 새로운 선생님, 새로운 아이들과 적응하는 시간이므로 어느 정도 아이들 파악이 된 4월에 실시하는 것이다. 나는 부모이기도 했지만 동시에 중학교 교사였다.

내 아이 상담을 마치고 돌아온 다음 날, 나는 교사의 신분으로 한 어머니를 만났다. 아이에 대해 부모가 잘 알고 있을 때 가정과 학교가 잘 연계되어 한목소리로 교육을 할 수 있다고 생각했던 나는 조심스레 아이 이야기를 꺼냈다. 작년에 뒷담화 때문에 힘들어한 아이였기에 며칠 전 SNS에 올린 저격글이 또다시 커지던 찰나, 집에서도 아이와 이야기를 나눠보면 좋겠다며 조심스레 말문을 열었다. 내 의도는 아이가 잘못된 방식으로 친구들과 소통하고 있으니, 어머님이 다독거리며 함께 아이의 마음을 들어주며 속상한 마음을 풀어주면 좋겠다는 의미였다. 내 이야기를 들은 어머님은 얼굴이 새빨개지며 안절부절못하셨다.

"우리 아이는 그런 아이 아니에요. 이야기 들어보니 ○○이가 그랬

더만. 선생님 모르셨죠? 그 애랑 놀지 말라고 그렇게 이야기했건만, 마음이 약해서 그걸 못 끊더라구요. 내 이럴 줄 알았어요."

"어머님 사춘기 아이들은 감정을 표현하는 데 서툴러요. 서로 대화의 방식을 몰라서 상처를 줄 때가 많거든요. ○○이랑 놀지 말라고 이야기를 한 건 아니에요. 그건 아이들의 선택인걸요."

아무리 내 의도를 설명해도 듣지 않았다. 걱정스러운 마음에 한 이야기인데 받아들이지 않으니 나 역시 입을 다물었다. 내 아이는 부모인 내가 제일 잘 안다는 전제하에 말을 시작하니 나 역시 말하고 싶지 않았다. 굳이 듣지 않는데 말할 필요가 없었다.

그런데 그 순간 어머니의 모습 속에 내가 보였다. 선생님의 말을 진심으로 듣지 못한 내가 그 자리에 있었다.

"아!"

작은 탄식이 새어 나왔다.

나는 왜 집과 어린이집에서 아이가 다를 수 있음을 인정하지 못했던 걸까. 아이들은 카멜레온처럼 시시각각 변한다. 아이뿐만 아니라 어른들도 마찬가지다. 사람은 누구나 상황에 따라 장소에 따라 다른 모습을 보인다. 자신을 둘러싼 사람들과 역할에 따라 다르게 행동하고 말한다. 이중인격이라서 그런 게 아니다. 그게 생존 본능인 것이다. 이 단순한 사실을 나는 왜 알지 못했을까.

선생님의 말씀을 있는 그대로 듣지 못한 게 마음에 걸렸다. 후회만

하고 있으면 달라지지 않는다. 퇴근길에 은찬이 어린이집으로 전화를 했다. 선생님과 통화를 원하니 편한 시간에 전화 부탁드린다는 말을 남기고 집으로 갔다. 솔직함이 가장 빠른 길이라고 생각했다. 오늘 내가 느낀 감정, 생각들을 다 풀어내고 선생님의 이야기를 온전히 받아들였다. 전화하고 난 후 하고 싶은 말이 많으셨다는 걸 알았다. 술술술 이야기를 풀어나가는 선생님의 이야기를 경청하며 진정 내 아이를 위하는 마음이 느껴졌다.

말하지 말고 일단 듣기.
듣고 나서 변명하지 않고 집에서 할 수 있는 일 묻기.
선생님이 모르는 집에서의 모습 이야기해주기.

교사이기 이전에 부모이기에 자신 있게 말할 수 있다. 이게 내 아이를 잘 키우는 방법이라는 것을!

질문하기

: 선생님을 교육 전문가로 인정하고 대우하자

은찬이와 같은 유치원을 다니는 친구의 이야기다. 아이는 점심 시간을 힘들어했다. 바른 먹거리교육을 하는 유치원이었기에 소위 아이들이 좋아하는 반찬이 없었다. 톳 쌀밥, 시래기 된장국, 연근조림, 건취나물, 들깨볶음, 고구마순 김치가 오늘 식단이다. 나물, 해조류, 견과류, 국을 먹지 않는 아이는 눈을 씻고 쳐다봐도 먹을 수 있는 게 없었다. 집에서도 햄, 참치, 계란이 없으면 먹지 않는 아이였고, 엄마는 잘 먹지 않는 아이를 어떻게든 먹이기 위해 아이의 뜻을 맞춰주며 키웠다. 더 어릴 때 다녔던 어린이집에서는 엄마의 부탁을 들어주었고, 힘들어하긴 했지만 반찬 하나로 먹이거나 밥만 먹였다. 그런데 유치원 선생님은 너무 완고했던 것. 매일 매일 음식을 거부하자 아이를 교무실에 데려다 놓고 다 먹으면 교실로 오라고 하거나 다 먹을 때까지 놀이에 참여할 수 없다고 말한 것이다. 아이가 매일 울어도 선생님은 원칙을 고수했고, 아이는 아침마다 유치원 현관 앞에서 들어가지 않겠다 떼를 쓰고 엄마와 실랑이를 벌였다. 아이 엄마는 선생님에 대한 원망이 쌓여갔고, 그 마음을 위로받고 싶어 내게 전화를 했다.

"그냥 밥 안 먹여도 되니까 강요하지 않았으면 좋겠어요. 아니 밥 한 끼 안 먹는다고 죽고 사는 문제도 아니고, 아이니까 편식할 수도 있지, 왜 그렇게 먹이려고 하는지 도대체 모르겠어요. 나도 우리 아이 편식하는 것 때문에 속상하고 내가 잘못 키웠다는 거 알고 인정하는데, 애가 이렇게 소스라치게 울고 뒤로 넘어가는데 너무하는 거 아니에요?"

엄마의 말 속에는 원망과 억울함, 그리고 서운함이 녹아 있었다. 엄마의 속상한 마음을 읽어주고, 조심스럽게 이야기를 했다.

"선생님도 분명히 선생님만의 이유가 있을 거예요. 상담을 요청해서 얼굴 보고 이야기하는 게 제일 좋지만 그게 안 된다면 한번 전화해서 물어보면 어때요?"

얼마 지나지 않아 이 아이는 결국 다른 유치원으로 갔다. 절이 싫으면 중이 떠나는 것이 맞겠지만, '만약 초등학교였다면? 고등학교였다면? 쉽게 전학시킬 수 있었을까?'라는 아쉬움이 남았다. 회피가

답은 아니다. 때론 정면 돌파가 필요한 법이다. 아이의 마음속에 '내가 선생님을 싫어하면 엄마는 선생님을 바꿔줄 수 있어'라는 생각이 들면 아이는 위기의 상황에서 또다시 엄마가 슈퍼맨처럼 나타나 해결해줄 거라 믿는다. 스스로 이겨내는 힘을 키우지 못할까 봐 걱정이 되었다.

한참 시간이 흐른 뒤 부모 상담 기회가 있어서, 선생님께 조심스레 여쭤보았다.

"선생님, 유치원에서 아이들 식사 지도는 어떻게 하세요?"

"보통은 아이들이 먹을 양을 선택해요. 먹을 만큼 가져가서 먹고, 대신 남기지 않는 거죠. 더 먹고 싶어 하는 친구들은 일단 식판에 있는 남은 반찬을 모두 먹은 후에 더 먹고 싶은 것을 받아 가서 먹어요."

"만약 먹고 싶어 하지 않으면 어떻게 하죠? 김치는 아이들이 힘들어하잖아요."

"그런 경우 딱 하나만 먹게 해요. 아이들은 지레짐작하고 애초에 선택하지 않거든요. 자신의 선입견으로 '이건 맛이 없을 거야'라고 단정 지은 뒤, 새로운 음식을 거부하는 거죠. 그런데 이걸 아이의 선택으로 놓아두면 아이들은 시도하지 않아요. 세상에 많은 음식이 있는데 내가 먹어본 것만 먹는다는 건 기회를 잃어버리는 거라고 생각해요. 이건 먹는 것을 넘어서 새로운 도전과도 연결돼요. 실상 먹어보고 맛있다고 말하는 아이도 있거든요. 작은 성공의 경험이 아이의 성장에 큰 영향을 미칠 거라 믿어요. 편식이 좋지 않다는 것은 누구나 알아요. 마음 약한 엄마가 할 수 없다면 선생님이 훈육해야 한다고 생각해요. 편식의 문제를 넘어서 싫더라도 시도해보는 것, 도전 정신을 키우고 싶어서 그런 원칙을 세웠고 물러서지 않아요. 그건 제 소신이고 교육철학이랍니다."

선생님의 이야기를 들으니 절로 고개가 끄덕여졌다. 선생님들마다 물러설 수 없는 각자의 교육철학이 있고 나름의 이유를 가지고 교육한다는 사실을 인정해야 한다. 아이는 다양한 선생님을 만나 다양한 방식으로 배우고 크는 것이다. 만일 매년 똑같은 선생님을 만난다면 아이가 배우는 것들은 한계가 있을 것이다.

아이들은 엄마의 말에 크게 흔들린다. 엄마가 선생님에 대해 어떻게 생각하는지 어떻게 말하는지에 따라 아이의 만족도가 달라진다. 아이가 선생님을 좋아하고 잘 따르길 원한다면 엄마가 진심으로 선생님을 좋아하고 믿어야 한다. 어릴수록 아이는 많은 부분을 엄마에게 의지한다. 그리고 엄마 말에 큰 영향을 받는다. 아이가 적응하는 데 엄마의 역할이 크다는 것을 실감한다. 만약 엄마가 선생님을 믿고, 선생님의 의도를 아이에게 잘 설명해주었다면? 아이가 이해할 수 있었다면? 아쉬움이 남았다.

아이에게 선생님은 늘 최고여야 한다. 선생님을 위해서가 아니라 아이를 위해서. 아이가 선생님을 좋아하면 학업 성취가 올라간다는 연구 결과가 얼마나 많이 회자되었던가! 그럼 엄마가 할 일은? 아이가 선생님을 좋아할 수 있게 긍정적 피드백을 해주는 것이라 생각했다. 아이가 집에 와서 이야기하다가 아주 작은 것이라도 선생님에 관한 말이 나오면 그 부분을 선생님과 나누었다. 그러면 보통 선생님은 신이 나서 그때의 일을 아이보다 더 자세히 말씀해주신다. 그 순간을 놓치지 않고 감사함을 표현하니 선생님은 더 많은 사랑을 아이에게 주셨다. 주는 만큼 돌아온다.

내가 아무리 육아서를 많이 봤고, 더 많이 배웠고, 더 잘났을지라도 낮은 자세로 겸손해야 한다. 유아교육 영역에서 선생님이 나보다 전문가임을 인정하면 놀라운 경험을 하게 된다. 나는 아이에 대해 필요한 교육적 정보를 거의 선생님께 얻었다.

"선생님, 집에서 소근육을 키울 수 있는 좋은 방법이 뭘까요?"

"아이가 달리기를 하려 하지 않아요. 유치원에서는 어떤가요?"

"선생님, 장난감을 사주고 싶지 않은데, 좋은 교구 추천해주실 수 있나요?"

"유치원에서 선생님이 읽어주신 곤충책이 재미있었다는데 선생님이 재미있게 읽어주셔서 그런가 봐요. 혹시 그 책 이름 알 수 있을까요?"

'제가 초보 엄마라서 잘 모르니 알려주세요. 도와주세요'의 마음으로 물어보니 선생님은 늘 더 많은 것을 알려주려 애쓰셨다. 맘카페나 주변 엄마들보다 내 아이의 성향과 발달 단계를 잘 알고 있는 사람은 다름 아닌 아이 선생님이었다. 인터넷에 '5세 아이 블록 추천'을 검색하면 일반적인 단계의 블록들이 소개되고, 심지어 마케팅의 노예가 되어 상술에 넘어갈 확률이 높다. 반면 많은 유아 제품을 접하고 교육학을 배운 선생님은 내 아이에 딱 맞는 교구를 추천해주신다.

새롭고 낯선 환경에 놓일 때 아이에게 필요한 건 믿음이다. 안전한 곳이라는 믿음. 힘들어하는 아이를 위해 엄마가 해줄 수 있는 건 선생님의 말씀을 잘 따를 수 있도록 믿음을 주는 것이다. 선생님과 유치원, 학교가 정말 정말 맘에 안 든다면 아이가 졸업한 뒤에 혹은 아이가 없는 곳에서 불평해야 한다. 순전히 내 아이를 위해!

엄마도 퇴근 좀 하겠습니다

초판 1쇄 발행 2019년 6월 26일
초판 2쇄 발행 2019년 8월 26일

지은이 | 정경미
펴낸이 | 전영화
펴낸곳 | 다연
주 소 | 경기도 고양시 덕양구 은빛로 41, 502호
전 화 | 070-8700-8767
팩 스 | 031-814-8769
이메일 | dayeonbook@naver.com
편 집 | 미토스
본 문 | 디자인 [연:우]
표 지 | 페이퍼마임

ⓒ 정경미

ISBN 979-11-87962-70-0 (13590)

이 도서의 국립중앙도서관 출판예정 도서목록(CIP)은 서지정보유통지원시스템 홈페이지
(http://seoji.nl.go.kr)와 국가자료 공동목록시스템(http://www.nl.go.kr/kolisnet)에서
이용하실 수 있습니다. (CIP제어번호: CIP2019024120)